だいわ文庫

今日の美味しい一杯に出会える

ワインを楽しむ本

宮嶋 勲

JN096645

大和書房

はじめに
自由にワインの「本質」を楽しもう

「ワインは好きだけど、よくわからない」という話を耳にする。「ワインについて何も知らないので」と恥じ入る人もいる。

考えてみれば不思議な話だ。ワインはアルコール飲料の一つであり、嗜好品。楽しむのに知識など必要ない。番茶やビールを飲むのに「番茶がよくわからない」とか「ビールの知識がないので」と卑下する人がいるだろうか。

なのに、なぜかワインでは「わかる必要がある」とか「楽しむには知識がいる」といった奇妙な誤解が幅を利かせている。

おそらく西欧から導入されたワイン文化をあたかも高尚なものであるかのように崇め奉り、衒学的《げんがく》な蘊蓄《うんちく》を振りまく輩が幅を利かせたために、一般の消費者が委縮してしまい、自由にワインを楽しめない雰囲気が生まれてしまったのだろう。残念なことだ。

ワインは本来、日常に根付いた飲み物だ。毎日の食卓にあり、食事を引き立て、団欒《だんらん》の時間を彩る。寛ぎ、憩い、明日への活力を与えてくれる庶民的な飲み物である。ビール、焼酎、日本酒と同じだ。何も特別な飲み物ではないのだ。

それを高価な宝石であるかのように喧伝し、取ってつけたような空虚な知識で飾り、珍しい「舶来品」として「箔をつける」というのは、まったく浅薄なアプローチで、鹿鳴館時代ならともかく、現代では滑稽極まりない。

ワインは日本の伝統的飲み物ではなく、異文化なので、それが紹介されるなかで、ある程度の齟齬《そご》が生じるのは避けられないかもしれない。ワインに限らず、外国の音楽、美術、料理などを導入する過程でも、そのようなことは起こってきたのだろう。そのような誤解が自由にワインを楽しむことを阻害している気がする。

私は日本とイタリアで40年近くにわたって、ワインと食について執筆をしてきた。仕事柄、さまざまな場所で、多くの人とワインを飲んできたが、仕事を離れたら、その日に飲みたいワインを、好きなように楽しませてもらう。温度も、グラスも、一緒に食べる料理もその日の気分次第である。「やりたいようにする」以外のルールは一切ない。

やたらと煩わしいルールを押し付けたがる人がいる。「このワインにはこのグラスがいいですよ」「このワインは17度で楽しんでください」「2時間前に抜栓してください」「口に入れる前にまず香りを楽しんであげてください」など、余計なお世話だ。

寛ぐために、楽しむためにワインを飲むのだから、安物のマナー教室のような規則には縛られず、好きなように飲ませてほしい。

好みは人それぞれだし、その人に合った飲み方が一番だ。熱々の料理が美味しいからといって、猫舌の人に熱い料理を無理強いするのはハラスメント以外何ものでもない。

どんな高価な料理でもその人の口に合わなければ何の価値もないのである。

10万円のワインだからといっても、誰もが美味しいと思うとは限らない。「高価なワインはやはり格別の美味しさで、品格がありますね」と皆が思うわけではないのだ。2000円のワインのほうが美味しいと思う人がいても何の不思議もない。

3つ星レストランの高級料理より、場末の居酒屋やトラットリアの料理のほうが美味しいと思うことだってあるのだ。

ビール、日本酒、焼酎、ウイスキーでもそうだが、ワインにも他のアルコール飲料とは異なる独自の特徴がある。それを知っておくことは、ワインを楽しむうえで役に立つかもしれない。だが、ワインについて細かい知識を集めて、ひけらかすことに喜びを見出す「トリビアの泉」的アプローチは、まさに「木を見て森を見ず」で、かえって本質を見逃してしまう。

肝となる部分だけを大きくざっくりと捉えておけばいい。あとはそれぞれが好きなように楽しむだけだ。本書では、その肝となる部分だけを紹介している。

とかく、蘊蓄、格付け、マナーなどは、人生を楽しむことを妨げることが多い。ワインの飲み方についての上から目線のお寒い説教を無視して、自由にワインを楽しみたい。ワインは人生を楽しくし、人を幸せにするためにあるのだから。

この書がそんな思いを抱かれる方のお役に立てば幸いである。

宮嶋　勲

◎もくじ

第1章　無教養としてのワイン

第2章

自分だけの楽しみ方

第3章 とっておきの1本

第4章　味わいの向こうに見えるもの

特別編

ワインを楽しむのに知っておくといいこと

第1章

無教養としてのワイン

教養としてのワインの無教養

「一流のビジネスマンになるには、ワインを知っていないとだめですよ」とか、「国際人として通用するにはワインの知識が必要です」とか、したり顔で説教を垂れる人がいる。とんでもない話だ。

一流のビジネスマンになりたければ、ワインの勉強などしないで、経営分析をしたほうがいいし、国際人として通用するには一芸に秀でることを考えたほうがいい。

そもそもワインにしても、芸術にしても、人生に必要不可欠なものではない。なくてもいいし、有益性という意味では何の役にも立たないものである。

だから「知っておく必要がある」ものでもなければ、「知識が必要」なものでもない。無用なものだが、それを好きになった人の人生を豊かにしてくれるものなのだ。魅力的なワインと出会い、「好きになってしまう」ものなのだ。

ワインを好きになることもなく人生を過ごしても何の問題もない。ひょっとしたらワインと出会わなければ、もっと貯金ができたかもしれない。ただ、出会ったことで人生は豊かになったし、満足している。そんなものなのだ。

音楽にとりつかれてニューヨークまでホロヴィッツを聴きに行ったり、絵画に魅せられてサンセポルクロまでピエロ・デッラ・フランチェスカ巡礼に行ったり、ワインに惹かれて飛行機と車を乗り継いでヴォーヌ・ロマネの畑を訪ねたりする。

これらはすべて魅せられてしまったから、溢れる思いを抑えられずに「やってしまう」ことである。**決して自慢するようなことでもないが、純粋に情熱に突き動かされて行動している人には大きな幸せを与えてくれる。**

バイエルン王ルートヴィヒ2世はワグナーの音楽に魅了され、散財を繰り返して身を滅ぼしたが、ある意味幸せだったのかもしれない。

ワインも芸術もやむにやまれぬ思いから「はまってしまう」ものなのだ。本当に好きになっていないものを教養として身に着けようとすることほど愚かなことはないだろう。そもそも身に着かないし、上っ面の知識を詰め込んでも逆に恥をかくだけである。

―剣術の達人―

このような**教養主義的アプローチでは、永久に「ワインの快楽」を享受することはできない**だろう。

音楽にとりつかれたルートヴィヒは幸せだったが、音楽やワインを「恥をかかないための教養」と捉える人は幸せでないばかりでなく、かなり「痛い」人である。

鮨屋の主人と話をしていたときに客の話になった。彼が言うには「初めてのお客さんでも暖簾《のれん》をくぐってカウンターに向かってくる姿を見れば、そのお客さんがどの程度鮨を食べなれているかすぐにわかりますよ」とのことである。ちょっとした仕草で一瞬にして読みとれるのである。

私もガイドブックの仕事で多くの人と一緒に数多くのワインを試飲してきて、数々のテイスターを見てきた。私もその人が試飲する姿を見れば、だいたいの試飲能力がわかる（と少なくとも私は信じている）。

試飲をするときのちょっとした仕草に経験の豊かさ、深さなどが表れる。試飲経験が浅い人はやたらグラスを振り回す。1回でそのワインの本質を見抜けないからである。熟練した醸造家やテイスターは一瞬で本質を見抜く力を持っているので、軽くグラスを回して1~2回香りを嗅ぐと、もうグラスを置いている。

細かい表情、グラスの動かし方、視線などがすべてテイスターの熟練度、試飲能力の高低を物語ってくれる。だから下手に見栄を張って通を気取っても恥をかくだけなのである。それにワインについて何も知らないことは、まったく恥ずかしいことではない。知らなくてもワインが好きなら、一度気に入ったワインをリピートしたり、薦められたワインを楽しんだりすればいいのだ。知識をひけらかそうとするのが醜いのである。

時代劇で剣術の達人がすれ違っただけで「お主できるな」と見抜くシーンがよくある。刀を抜いて対峙しなくても、すれ違っただけでも熟練者が見れば、隙がまったくない達人の実力は見抜けるというわけだ。ライオンもお互いに咆え合っただけでどちらが強いかがわかるので、無駄な争いをしないと聞く。見る人が見れば、実力は簡単にばれるのである。

変な教養主義で芸術やワインにアプローチすることこそ、まさに無教養の極みと私には思える。

近くなったワイナリー

私がワインを飲み始めた1980年代はワイナリーを訪問することはそれほど簡単ではなかった。訪問客を受け入れて、自分たちの仕事やワインを知ってもらうワイン観光という概念すらなかった時代だ。

醸造所は一般の人が足を踏み入れられる場所ではなかった。だからジャーナリストが著名ワイナリーに行った記事を読むと、とっても羨ましく思えた。

あの時代のジャーナリストは特権的立場にいたので、他の人が行けないワイナリーを訪問して、それをレポートすれば、読者は興味を持って読んでくれた。江戸時代の日本人でアフリカに行った人がいて、誰も見たことがないライオンや象をレポートしたとしたら、それだけで威張れたのと同じ理屈である。

時代は流れ、海外旅行が大衆化し、飛行機料金も格安になったので、誰もが簡単に海外に行くことができるようになった。

ワイナリーもワイン観光の重要性に気づき、訪問客を受け入れる態勢を整えた。今や誰でも簡単にワイナリーを訪問できる。したがって単なるレポート記事はその価値を失った。しかもインターネット時代だ。昔は直接ワイナリーに行かなければ得られなかった情報も、クリックするだけで簡単にゲットできる。つくづくいい時代になったものだ。

ジャーナリストの仕事は単なる訪問記事や情報を伝えるだけではまったく価値がなくなり、自らのヴィジョンや解釈を示す必要が出てきた。「どんなワイナリーか」ではなく、「このワイナリーを私はどう考えるか」を示さなければ価値がなくなったのだ。

同時に世界中でワイン産地が増えた。ボルドーとブルゴーニュだけを押さえておけば済んだ時代ではないのだ。世界各地に散在する主なワイン産地をすべて訪問するのは実質不可能になった。

ゆえにワインジャーナリズムも徐々に専門化せざるをえない。大学の文学部に世界文学科というのはなく、仏文学科、英米文学科、中国文学科などに分かれているように、ワインもフランスワインの専門家、イタリアワインの専門家、アメリカワインの専門家と、ある程度1か所に力を入れないと、とても急速に変貌するワイン産地を追いきれないのである。**「百科全書派」的アプローチは、不可能になってきたのだ。**

ワイン愛好家の中には一つの産地を偏愛して、毎年バカンスになるとその産地を訪問している人もいる。そのブログなどを見るとかなり深い知識を持っていることがわかる。自分の好きな産地だけを頻繁に訪問して、他の産地を完全に無視することができるのは愛好家の特権だ。

ジャーナリストもよほどしっかりした知識と見識を持っていないと、愛好家に笑われかねないリスクがある、真価が問われる時代になったのである。

間違う自由

ワインに関する**蘊蓄やマナーが招く最大の弊害は、ワインを心おきなく楽しめなくなることで**ある。食事でも、ワインでも些細《ささい》なマナーに縛られていては自由に楽しめない。

思い出すのは有名な落語のそばつゆのエピソードだ。そばの食べ方にうるさい江戸っ子がいて「そばはつゆをたっぷりつけてしまったら、香りがわからなくなるから、一寸か二寸だけつゆをつけてさっと食べる。それが粋ってもんだ」と講釈を垂れていたが、死ぬ前に「何か、思い残すことはないか」と尋ねる友人に「一度でいいから、そばにつゆをたっぷりつけて食べたかった」と告白したという話だ。

見栄っ張りな江戸っ子がやせ我慢をして、粋を追求するあまりに「つゆをたっぷりつけてそばを食べる」という自分の望みを実現できなかったという「痛い」話である。蘊蓄に縛られなければ、つゆをたっぷりつけて食べてみて、満足することができただろう。

一度つゆをたっぷりつけてみたら、やはりこれは辛すぎると懲りて、自主的に端だけつける「粋な」やり方に戻っていたかもしれない。**変な見栄が「一度間違ってみる」という自由を奪った**のだ。

私はこの話を反面教師として、ワインや食に関してはどんな蘊蓄を垂れる人がいても、完全に無視して、自分で好きなように飲んで、食べてきた。

失敗したこともあったが、自分で間違って痛い目に合うのは私の権利だ。その後で、自主的にやはり蘊蓄やルールが正しかったと認めることもあれば、やはり自分のやり方がいいと突き進むこともある。**重要なのは自分で確かめることだ。**

偉大な赤ワインを冷やして飲んでみたいと思えば、やってみるべきだ。冷やすとタンニンが攻撃的に思えるなら、次から冷やすのはやめればいい。自分で失敗すれば、二度と間違えない。

江戸っ子も一度つゆをたっぷりつけていれば、二度とその過ちは繰り返さなかっただろう。そしてフラストレーションを抱えたまま死ぬこともなかったのだ。

ワインの飲み方を一度や二度しくじったところで、傷は小さい。人の言うことを信じるよりも、自分で間違ってみることのほうがはるかに有意義である。

まずは飲む

1970年代頃まではボルドーの5大シャトーやロマネ・コンティを飲む機会が

あるのは破格の金持ちか、それをサービスするソムリエぐらいだった。

当時は今のように試飲会なども行われていなかったので、高級ワインは狭い範囲の人たちしか知らない世界だった。

今は幸いあらゆるワインが日本に輸入されるようになり、ある程度のお金を出せばどんなワインでも自由に飲むことができるようになった。インターネット販売の発達がさらにワインの検索を容易にしている。**とりあえず興味を引くワインがあれば、飲んでみることをお薦めする。**

高いワインでも有志を募って割り勘にすれば、8分の1ぐらいの価格で飲める。一度試してみたいという理由で飲むのであれば、グラス1杯もあれば十分だろう。とても気に入ったら、お金を貯めて1本を買って、食卓でじっくり味わうのもいいだろう。どちらにしても**試飲してみないと始まらない世界なので、躊躇することなく飛び込んでほしい。**

日本はとにかく輸入されているワインの種類が多い。日本人はお酒をまったく飲めないか、強くない人の割合がかなりあるので、ワインも消費量自体はそれほど多くはないのだが、それにしては驚くほどの種類のワインが輸入されている。

これは常に情報を集めて、評価の高いワインを迅速に買いつけに行く輸入業者の努力の賜物だろう。現地では手に入らないワインが、日本では簡単に手に入ることも多い。

しかも流通のすべての段階で、ワインがとても大切に扱われているので安心して飲める。

ワイン生産者のほとんどが日本訪問を楽しみにしているが、それは自分のワインが大切に扱われ、自分が適切に評価されていることに大きな満足を覚えるからである。儲けという点では日本より重要な国もあるが、やはり職人は自分の仕事を正しく評価してもらうことが何よりも嬉しいのである。

いつものワイン

私がワインを日常的に飲むようになったのはイタリアで暮らし始めてからだ。40年近く前のことである。

それまでも日本でたまにワインを飲むことはあったが、特別な機会に飲む高価な飲み物というイメージを持っていた。当時は今よりも関税が高かったこともあり、日本人の多くがそのようなイメージを持っていたと思う。

それに対して**イタリアにおけるワインは、まさに日常に溶け込んだ庶民的な飲み物**であった。昼食、夕食を問わず、食卓には必ずあるものだったし、食事の一部であった。アルコール飲料という意識すらなく、日本で言えば番茶のような位置づけだ。

日本で食事をする際に、うどんでも、親子丼でも、豚カツ定食でも番茶が出されるように、当時のイタリアの食卓では前菜でも、パスタでも、魚料理でも、肉料理でも普通にワインが出されていた。

大学の学食にもワインがあったし、高速道路のサービスエリアでも当たり前のようにワインが飲まれていた。

日本人でも食卓に出される番茶に際立った高品質を求める人は少ないように、イタリアでもワイン自体の香り、味わい、品質に対する要求は高くはなかった。食事に寄り添い、食事をより美味しく感じさせてくれればそれで十分と考える人がほとんどであった。

当然価格も安く、水代わりに楽しめるものであった。瓶詰めされているワインはすでに高級で、庶民的なトラットリアではタンクからカラフに注いだばら売りハウスワインを飲むのが普通であった。食事を注文すると「ワインは白か赤か？」と尋ねられ、同時に0・25ℓ、0・5ℓ、1ℓなど量を指定して注文する。

特に注目を浴びるわけでもなく、産地や名前が知られることもないが、常に食卓にあり、食事と楽しい時間を引き立ててくれるワイン。際立った香りや味わいを持つわけではないが、どんな料理にも合い、飲み飽きしないワイン。このようなワインが、私は今でも大好きだ。

―日常と非日常―

異なる国のさまざまなワインを自由に楽しむことができるというのはとても贅沢なことだが、自分が生まれた土地のワインだけを飲んで一生を過ごすのも、また幸せだと思う。

日常に深く根付いたものは、大なり小なりそんなものだと思う。番茶、醤油、酢、米、塩、砂糖、鰹節、昆布などは実家で使っていたものをそのまま使い続けることも多いのではないだろうか。なぜそのブランド、その生産者を選んでいるかすら自問しないことも珍しくない。「うちではずっとこのお醤油なんです」ということだ。もちろん高級ブランド醤油、高級ブランド番茶などもあるが、まだそれほど一般的ではないように思える。

伝統的ワイン消費国＝伝統的ワイン生産国（イタリア、フランス、スペインなど）におけるワインもそのような日用品だ。日用品にそれほど高いお金を払う人はいない。だから一般人が飲むワインはとても安い。

高級ワインで知られるブルゴーニュでもスーパーマーケットに行って、地元客が買っているワインを見ると廉価な外国産や南仏のものが多い。日本でも醤油や塩に1万円を払う人が少ないのと同じである。

良質のオリーヴオイルを生産するのは非常にコストがかかり、500㎖で5000円近くになることも珍しくないが、イタリアやスペインなどオリーヴオイルを大量に消費する国ではこのような高価なオリーヴオイルはなかなか売れない。スーパーマーケットに行くと、信じられないほど安いオリーヴオイルが並んでいる。

これも同じ理屈で、日用品と考えられているからである。

一方、非日用品なら人は高い価格でも喜んで払う。特別なものであるからだ。フォアグラやトリュフが高くても誰も文句を言わないし、宝石が高いのは当たり前だ。

非日用品としての高級ワインも存在している。非日常的なワインである。ボルドー、ブルゴーニュ、シャンパーニュなどのグランヴァンと称される偉大なワインは、単に食事の一部ではなく、抜きん出た喜びを与えることができる贅沢品としての地位を昔から固めていた。お茶のたとえを続けるなら、番茶ではなく玉露だ。

これらのワインの価格は高く、レストランで飲めば、料理よりも高くつくことも珍しくない。食事に寄り添うだけでなく、自分が主役になれるワインである。

高い価格を払ってこれらのワインを楽しもうとする愛好家は、ワインを最大限に満喫しようとする。何回もグラスを回して香りを楽しみ、持てるアロマをすべて享受する。ワインを一気に飲み干すのではなく、ゆっくりと時間をかけて味わいのすべてを楽しみつくそうとするだろう。支払った価格の「元を取りたい」し、「不用意に飲むともったいない」ワインだからである。

日常の食事に溶け込んだワインと卓越した享楽を与えてくれるグランヴァンはいわば両極端に位置しているが、その間にさまざまなグラデーションがあり、人はそれぞれ自分に合った「さじ加減」でワインを楽しむ。自分がワインに何を求めるかも、気分や日によって異なるだろう。

ワインもそれぞれに合った舞台でこそ真価を発揮する。日常の食卓に突然高級ワインが現れても戸惑いを覚えるし、「ハレの場」である高級レストランの食卓にデイリーワインが上っても違和感があるだろう。

家庭における平日の食卓に極端に手の込んだ複雑な料理は必要ないし、高級料亭に行って「おばんざい」を食べようと誰も思わないのと同じである。

生きている飲み物

「同じワインなのに、前に飲んだものと印象が違う」ということがよくある。これは、ワインではごく普通にあることだ。

私は来日したワイン生産者のイベントによく同行する。たいていは月曜から金曜まで、日本各地を移動しながらプロモートをする。

昼は業界人（卸業者、ワインショップの人、レストランのシェフやソムリエ）とランチ、午後は試飲セミナー、夜は一般のワイン愛好家とディナーという過密なスケジュールをこなすことも多い。

試飲するワインは今売らなければならない最新ヴィンテージなので、毎日3回同じワインを試飲し、5日間では15回同じワインを試飲することになる。

すると15回とも毎回微妙にワインの香りと味わいが異なることに気づく。あるときは香りが閉じていて、なかなか開いてくれないし、あるときは果実の香りが華やかに開いていてとても魅力的だったりと、印象が異なる。

もちろん同じヴィンテージの同じワインなので、**瓶詰された時点では同じ味わいだったはずである。ただ、瓶詰された瞬間からそれぞれのボトルは独自の歩みを始めるのだ。**

瓶に残った酸素の量、酸化防止剤として添加された亜硫酸の効き方、コルクの状態の違い、保存状態などの微妙な違いにより少しずつワインに差異が生まれるのである。それは熟成年数が長くなればなるほど明確になってくる。同じワインでも50年も熟成させると瓶差が激しくなり、まったく異なるワインに思える。

またワインを飲む場所によっても印象は異なる。ホテルの宴会場などの大きな部屋を借りてワインだけを試飲する（たいていは飲みこまずに吐き出す）セミナーと、食事と一緒に楽しむランチやディナーでは、印象は変わってくる。

もちろん何を食べているかによってもワインの味わいは違うし、部屋の空気や光、誰と一緒に飲むか、誰がサーブしてくれたかも重要だ。天体の位置や気圧によっても味わいが変わると主張する人もいる。

このような意味ではワインは安定性のない飲み物とも言えるだろう。コーラやビール（クラフトビールでない大手が造るもの）は瓶差（又は缶差）が限りなくゼロに近いように万全の品質管理が行われており、いつも同じ味わいを安心して楽しむことができる。ワインはそうはいかない。

よく「偉大なワインというものは存在しない。偉大なボトルがあるだけだ」と言われる。今飲んだボトルのワインがえらく気に入ったので、さっそく同じヴィンテージの同じワインを買ってみても、まったく同じ味わいとは限らないのである。

「ワインは生きている」から常に変化しているのだ。

完璧以上のもの

レストランに行くと、客が注文したワインを抜栓した後にソムリエが味見をしている姿を見かけることがある。これはまさにワインがどんな状態かがわからないので客にサーブする前にチェックしているのである。

コルク由来の異臭（いわゆるブショネ臭）があった場合、これは欠点なのでボトルを差し替える。それ以外にも古いワインだと酸化が進みすぎていたり、新しいワインだと還元臭（酸欠状態で発生する硫黄を想起させる不快な香り）があったりと、ワインは開けてみないとわからない。

コーラやミネラルウォーターはこちらが期待する味わいを必ず提供してくれる。ソムリエがコーラやミネラルウォーターを抜栓した後に味見することはない。安心できる飲み物だからだ。逆に言えば、それ以上のものは絶対に与えてくれない。

ワインは大枚をはたいても失望させられることもあるが、まったく期待していないのに驚くほど素晴らしいこともある。セラーの片隅に忘れていて、もう飲めないかなと思って開けたワインが息を呑むほど素晴らしいことだってあるのだ。

几帳面で常に同じ味わいを求める人は、この不安定さは耐えられないかもしれない。飲むたびに少しずつ印象が異なるのだから。ワインは永遠に正解というものがない飲み物なのである。

それはちょうど音楽のライブ演奏会とCDの関係に似ているような気がする。

CDはミスタッチもなく、常に完璧だ。ただ、完璧以上のものは与えてくれない。いつも同じ演奏で、醒めていて、冷たい印象を受ける。

ライブ演奏会だと演奏家のその日の気分に影響されるし、ミスタッチもあるかもしれないが、心を揺り動かされ、引き込まれるような感動を経験することもある。**ある意味完璧以上のものを与えてくれることがあるのだ。**どちらがいい悪いではなく、異なるタイプの経験なのである。

ワインを抜栓して香りをかいで、最初の一口を味わうときは常に緊張する。期待通りか、期待外れか、また期待をはるかに上回る場合もある。ワインはいい意味でも、悪い意味でも常に驚きに満ちている。

——その日の表情——

ワインはTPOによって印象がずいぶん異なると言うと、それは安心できないという意見を賜るが、心配することはない。

まず**印象が異なるといってもまったく別物になるわけではない。**注意深く試飲すると印象の違いに気づくといった程度である。

パワフルなワインが急に大人しくなるわけではないし、繊細なワインが突然に雑な味わいになるわけでもない。もちろん微妙な違いがとても気になるのだが、基本的資質は不変である。

考えてみれば人間も同じだろう。機嫌がいい日もあれば、気分が沈んでいる日もあるから、それにより出会った相手は異なる印象を受けるだろう。TPOやその日の服装によっても人の印象は変わる。いつもフォーマルな服装で出会っていた相手に、カジュアルな服装で会うとまったく印象が違うこともよくある。ワインも人間もさまざまな表情と可能性を持っていて、私たちは一度にはその一部しか見ることができないのだ。

それにもかかわらず私たちは生きていく中で、出会った相手の本質を判断する能力を身に着けている。外観や、言葉や、服装に惑わされず、相手の資質をある程度見抜くことができるのである。

もちろん見誤ることもあるかもしれないが、その間違いによりさらに学習を重ね、人を見る目は進歩する。

ワインや人間のように不安定なもの、変化するものをつかまえるには、細部に囚われずに、大きく直感的に本質を捉えることが大切である。

安心できる答えの危うさ

キャッチーな言葉を聞くと、なんとなく物事の特徴が一気に理解できたような気になって安心する。ワインで言えば「石灰土壌」「海風」「急斜面」などだ。

「石灰土壌」からはシャンパーニュやブルゴーニュのワインに感じるような優美な

ミネラルを想像するし、「海風」と聞くとイタリア海岸地帯やシチリア島のワインのやさしい果実味と塩っぽいニュアンスを思い浮かべる。「急斜面」と言われれば、昼夜の温度差が激しく、シャープな味わいのワインかなと勝手に思い込む。

あながち間違ってもいないし、これらの要素がワインに影響を与えることは確かである。ただ注意しなければならないのは1対1対応ではないということだ。

ワインセミナーなどをしていると、すぐに正解を求める人に出会う。「このワインのミネラルはどこからくるのですか？」「このワインの力強さはどこからくるのですか？」といった質問をしてくる人だ。

求めている答えは「このミネラルは白亜紀に海の中で形成された地層からきます」「この力強さは火山土壌の豊かさからきます」などである。そのような答えが返ってくると、納得したという顔をしている。

しかし、実はそれほど簡単な話ではない。確かに白亜質土壌はシャンパーニュに優美なミネラルを与えるが、それを引き立たせているのは冷涼な気候からくる酸である。白亜質土壌でももっと暖かい気候の産地で栽培されたブドウなら際立ったミネラルは感じられないだろう。同じシャンパーニュでもそれほどミネラルを感じられないものもある。

「それはなぜ？」という質問には、「この畑は白亜質土壌の上に粘土が堆積していて、ブドウが凝縮して果実味が表に出るからです」という答えをすることもできる。

このように香りや味わいについてそれなりの「わかったような」説明をすることは可能なのである。明快な答えは人を安心させる。

ただ、実は本当にそのように**1対1の答えで数式のように理解できるものではないのである。人生と同じで、答えは一つではなく、すべての答えはケース・バイ・ケースである。**ある文脈では正しい事も、別の文脈では間違いとなりうるのだ。

正解なき豊かさ

ワインの香りや味わいは複雑な要因が絡み合って生まれる。標高、土壌、気候、風などさまざまな要因があり、**私たちが知らない多くの要素が影響を与えている。**

それらをすべて知ることは不可能である。同じ標高で、同じ土壌の畑でも、道一本隔てただけでワインの味わいがまったく異なるということがしばしばあるが、その明確な理由はわからない。ただ経験的に、どのヴィンテージでもはっきりとそのような違いが出るのだ。

私は京都生まれ、京都育ちであるからよく「いけず（意地が悪い、性格が悪い）でしょ」といじられる。そうなのかもしれない。

ただもし私が「いけず」だったとしても、それは必ず京都生まれが原因とは限らない。DNA自体が「いけず」だったのかもしれないし、家庭環境が私を「いけず」にしたのかもしれないし、人生で色々苦労したから性格が歪んで「いけず」になった可能性もある。またはそれらが組み合わさった結果かもしれない。

ワインも同じで**複雑な要因が組み合わさっているからこそ、香りや味わいが複雑になり、それが好きな人にはとても魅力的なのである。**

明快であることは安心できるが、「なぜかわからないが惹かれる」という感情も人生を豊かにしてくれる。原因を追求し続けても絶対的正解には辿り着けないのであれば、神秘的な部分を残しておくことが大切なのではないか。

〝テロワール〟という諸刃の剣

ワインはアルコール飲料の一つだ。その意味ではビール、日本酒、焼酎、ウイスキーなどと同じで、食卓や人が集う場に花を添えて喜びを与えてくれるものである。人はその日に食べるもの、その日の気分により、ビールを飲んだり、ワインを選んだり、ウイスキーを味わったりして楽しむ。食事を美味しくして、食卓や会合の場を豊かで楽しいものにすることがアルコール飲料に求められる役割だ。

だからアルコール飲料にとって最も重要なことは美味しいことである。美味しさの基準は人によって異なるので一概には言えないが、それでも多くの人が（少なくともその場を共有している人の多くが）美味しいと思えることが、場を「盛り上げる」ためには不可欠なのである。

ワインには面白い特徴があり、同じ品種で造られたワインであっても、産地、畑によってかなり香りと味わいが異なる。これがワインはブドウ畑の特徴＝テロワー

ルを反映させる力が強い飲み物と言われる理由で、ワインをさらに複雑にさせると同時にとても魅力的なものにしている。

もちろんすべての農作物は栽培される土地の気候、土壌などにより味わいが異なる。新潟のお米と鹿児島のお米ではたとえ同じ品種であっても味わいは変わるだろうし、ジャガイモでも北海道と九州では風味は違うだろう。

ただワインはその「異なる」「違う」のレンジ、幅が著しく大きいのである。お米やジャガイモでは北海道と九州の違いはわかっても、道を一つ隔てただけの畑ごとの味わいの違いが一般人にもわかるということはまずない。ワインではそれがごく普通にある。

有名なロマネ・コンティとリシュブールは隣接した畑だが、典雅で完璧な調和を持つロマネ・コンティに対して、華やかでゴージャスなリシュブールといったように、生まれるワインの特徴は明らかに異なる。重要なことは少しワインに慣れれば一般の人にもその違いがわかるということだ。**さらに面白いのは、その違いはワインになって初めて明確になるということだ。**隣接する畑のブドウを食べてもそれほど違いを感じないが、ワインになると違いがはっきりと感じられる。

これほど極端な例でなくても、ワインが暑い産地で造られたもの（濃厚な果実味、高いアルコール度数、煮詰めた果実など）か、冷涼な産地で造られたもの（フレッシュな酸、細身でタイトな味わい、熟す直前の果実など）かも比較的簡単にわかる。これがよく言われる「ワインはテロワールを表現する」ということで、ワインならではの際立った特徴となっている。

テロワールとは産地や畑の土壌、気候、その地で行われてきたワイン造りの伝統などが一体となって醸しだすその産地や畑にしかない個性、特徴のこと。ワインの背後にテロワールが読み取れるということが、ワイン愛好家にとっては大きな魅力を持つ。

ただここで注意しなければならないのは、ワインがテロワールを表現する力があるからといっても、ワインを飲むときは、それを評価しなければならないわけではまったくないということだ。テロワールは、興味がない人にとっては何の価値もない。美味しいアルコール飲料としてのワインを楽しみたいだけの人にとって、ワインの背後にどのようなテロワールが見えようと知ったことではない。

慌ただしい日常生活の中でひとときの安らぎを求めて食卓でワインを楽しむとき

に、テロワールに思いを馳せる気にもならなければ、そのようなことには興味もないという人がいてもそれはごく自然な話だ。そのような人にテロワールを説いたり、ワインについての解説をしたりするという愚だけは絶対に避けるべきである。

―テロワールワインとヴァラエタルワイン―

ヨーロッパは長年ワインを造り、消費してきた。今でも最大のワイン産地＝ワイン消費国である。

ヨーロッパではワインはテロワールの産物という考え方が強く、ワイン名には土地名がつけられている。ボルドー、ブルゴーニュ、キアンティ、バローロ、リオハなどは全部地名で、品種名は普通ラベルに表示されない。品種よりもテロワールが重要という考え方の表れだ。だからテロワールワインと呼ばれる。

このシステムはかなりワインがわかる消費者を想定している。長年ワインを造っている産地であるがゆえに、ヨーロッパの消費者はボルドーと言えばどんな味わい、キアンティと言えばどんな味わいとだいたいわかっているからだ。そうでなければ商品として機能しない。

一方、新興ワイン産地＝新興ワイン消費国であるニューワールドでは産地名を言っても消費者がどんなワインなのかを想像できない。だからラベルには品種名が表記されている。

シャルドネやメルロやカベルネ・ソーヴィニヨンといった品種の特徴を知っている消費者はいるので、それを明記しておけばだいたいどんな味わいのワインかをわかってもらえるというわけだ。

この場合は品種の特徴をちゃんと残したワインを造らなければ、消費者の期待を裏切ることになる。だからヴァラエタル（品種特性の）ワインと呼ばれている。どちらがいいかの話ではなく、アプローチの違いである。最近はニューワールドでもテロワールを重視するワイン造りをする生産者が増えた。

名もなきワインを飲む贅沢

偉大なワインが常に美味しいとは限らない。ワインの仕事をしているので、ずいぶん高価なワインを飲む機会にも恵まれたが、個人的には日常に溶け込んだワインが好きだ。

イタリアで10年間ワインガイドブックの仕事をした。ワインガイドは今後1年間にリリースされる予定のワインを4月から8月に集中して一気に試飲して、評価する。毎日100種類ほどのワインを試飲する。

試飲後のランチでは、その日に試飲したワインを飲んだ。すでに抜栓したワインだし、どうせ捨ててしまうので、どのワインも飲み放題というわけだ。

4~5名でランチをとることが多かったが、皆がランチで飲みたがったのは、高い評価を得た高級ワインではなく、軽めのデイリーワインだった。

1本10万円近くするワインを飲むことも可能だったわけだが、なぜか控えめなワインの人気が高かった。100種類のワインを集中して試飲するとかなり疲れる。午後にはワインの評価を総括するためのミーティングが待っている。ランチのときはリラックスしたいのだ。そんなときに偉大なワインはそぐわない。食事に寄り添ってくれるやさしいワインが欲しくなるのだ。

偉大なワインは素晴らしいが、それを十分に楽しむには精神的集中力が必要とさ

れる。だから時間的、精神的余裕がないと飲む気にならない。

1日のハードな労働の後、疲れ果てているときにハイデッガーを読もうと思わないのと同じで、シャトー・ラトゥールを開けようとは思わないのだ。

もちろん余裕がある週末なら、偉大なワインに向かい合うのも楽しい。ただ、少なくとも私は毎日飲みたいとは思わない。

若い頃にヘルベルト・フォン・カラヤンのインタヴューを読んだことがある。「(私は毎日がexceptional——格別——である人生を送りたいのですが) 多くの人は毎日がexceptionalであることに耐えられないのです」といった趣旨の話をしていた。日常においてもすべてがexceptionalであることを求めたカラヤンらしい発言だと記憶に残っている。

私はカラヤンと違って、毎日がexceptionalであることに耐えられない凡人だ。毎日3つ星フレンチのフルコースを食べると、無性に素麺が恋しくなる。だからワインも日々の生活に寄り添ってくれる控えめなものが好きだ。

多くのワインを試飲した日は、地元の素朴なトラットリアで夕食をとることが多かった。そこでは素朴な地元のワインを飲んだ。ガイドブックに載ることもない、名もないものがとても美味しく思えた。

偉大なワインに感動するときもあるが、このような夕べは「感動したり、コメントしたりする必要がないワインを不注意に飲める」ことがとても贅沢に思えたものだ。人生は短いのだから1食たりとも無駄にしてはいけない、偉大なワインを飲まなければいけないなどという強迫観念にとりつかれて、食事やワインが楽しめなくなるほど愚かなことはない。

食事もワインも、結局はその日の気分に合ったものが一番なのである。1000円のワインが10万円のワインよりも美味しく思える日だってあるのだ。

黒澤明やルキノ・ヴィスコンティの映画はドラマティックで、感動的で、私も大好きだ。成瀬巳喜男やエリック・ロメールの映画は劇的な事件は起こらないが、淡々と描かれる日常は、陰影に富み、豊かな味わいに満ちていて、これもまた大好きだ。**身を焦がすような恋もいいが、穏やかな日常もまた愛おしい。そんなワインの飲み方が好きだ。**

影の魅力

「欠点を直して、長所を伸ばすようにしなさい」。教育でよく耳にすることだが、ことはそれほど簡単ではない。ほとんどの場合、長所と欠点は深く結びついているからだ。

せっかちなのは欠点だが、仕事が早いのは長所である。協調性がないのは短所だが、自分をしっかり持って妥協しないのは美点とされる。要はどちら側から見るかによって短所にも長所にもなりうるのである。

ワインでも、長所と短所は密接に結びついていて、切り離しがたい。シャンパーニュの強い酸は白ワインだと欠点かもしれないが、瓶内二次発酵（詳しくはP229）という製法でスパークリングワインに仕上げることにより強みとなった。ボルドーの赤ワインの青っぽいタンニンは若いときは不快かもしれないが、熟成してもみずみずしさを保つためには不可欠である。長期熟成向き赤ワインに仕上げることにより30年後、40年後に真価を発揮する長所となるのだ。

欠点のない人がいないように、欠点のないワインもまたないが、その欠点は長所ともなりうるのだ。「樽が強すぎる」「揮発酸が高すぎる」などはワインの欠点かもしれないが、樽が強いワインが好きな人もいるし、揮発酸が高すぎるワインはアロマが華やかなのでそれを好む人もいる。

何年か前にシチリアで取材していたときに中国人ジャーナリストが近づいてきて「チェラスオーロ・ディ・ヴィットリアは濃厚でもないし、樽もまったく感じられない。なぜあのワインが最高格付けのDOCGに認定されているのか理解に苦しむ」と話していた。彼女にとっては、樽がガッツリ効いた濃厚なワインこそが高級ワインなのだ。

イタリアのトスカーナで活躍した伝説的醸造家のジュリオ・ガンベッリが造るワインは、常に揮発酸が高めだった。だからアロマが華やかで、とても魅惑的だった。**ワインは香りも味わいも本当に多様で、それぞれの人に好みのスタイルがある。好みのワインを楽しみ、気に入らないものには手をつけなければいい。**

ブレッタノマイセスという酵母は、ワインを汚染して馬小屋のような不愉快な香りをつける厄介者で、醸造家に恐れられている。ただ、ボルドーの赤ワインを中心にかなり汚染が広がった時期があり、少量であればワインに複雑さを与えると考える人もいるようになった（私は思わない）。以前は明らかな欠点であったものが、今はわずかなら長所とも考えられているのである。

以前、フランスの香水ブレンダーと話をしたことがある。彼女は「素晴らしい香りを集めて上手にブレンドすれば優れた香水ができるとは限りません。いくつもの素晴らしい香りをブレンドした後に、ごく少量だけ嫌な香り（それだけだと不快とも思える香り）を入れるとさらに優れた香水ができることが多いのです」と話していた。

人間でも品行方正で非の打ちどころのない人が最も魅力的だとは限らない。少し欠点があったほうが、人間らしくて、惹きつけられることも多い。

光だけでなく、少し影があったほうが、より複雑で、魅力的に見えるのは香水も、ワインも、人間も同じである。

ガイドブックの仕事をしていたときには、できるだけ気に入らないワインを取り上げないようにした。気に入ったワインはその特徴や個性をできるだけ正確に伝えるようにした。荒々しい果実味を持ったワインは、落ち着いた優美なワインが好きな人には好まれないが、野性的なワインが好きな人にはたまらないだろう。

ガイドブックの役割はワインの特徴をしっかりと捉えて、的確に表現し、読者が自分の好みに合ったワインを見つけやすくすることである。読者の好みはさまざまだから、それを他人がどちらかの方向に誘導しようとするべきではない。私にとっては欠点と思える特徴も、他の人にとっては長所と思えるかもしれないのだ。

多様な価値観を認めて、それぞれの人が好きなようにワインを楽しめばいいのである。

ガイドブックと点数

履歴書に「A県に生まれ、B大学法学部を卒業し、C社に入社してからはずっと営業畑を歩み、趣味は読書と旅行」と書いてあれば、その人がわかったような気にもなるが、実際は何もわかっていない。その人をよく知っている人に「あいつは嫌な奴です」とか、「割といい奴です」と言ってもらったほうが、すぐに本質がわかる。「彼女は几帳面ですよ」とか「彼はだらしないところがあります」も、履歴書よりははるかに人となりを教えてくれる。

ワインも同じで「このワインは淡い麦わら色で、透明感がある。香りはジャスミンの花、青リンゴ、熟れ切っていない洋梨を感じさせ、口中では、ミディアムボディーで、酸がシャープで、持続性がある」と言われるとなんとなくわかったような気になるが、「それではどういうワインなんだ?」と問われると返答に窮する。**印象を述べているだけで、本質をつかんでいないからである。**

「官能的で、享楽的なワインで、魅惑的です」とか「厳格で、人を突き放すような冷たさがあるワインです」と言われると、そのワインの本質がわかるような気がする。できるだけ少ない言葉で、本質をえぐり取るような描写が私にとってはガイドブックの理想だ。

ランキングの罠

ガイドブックの仕事をしていた仲間と常に夢見ていたのは「点数をつけずにガイドブックをつくる」ことだった。ワインに点数をつけて評価するのがとても嫌だったのである。この人は95点の人、この人は80点の人といった具合に、**自分が愛する人を点数で評価することを考えるといかに醜悪であるかわかってもらえると思う。**愛するワインを点数で残酷に評価することはかなり痛みを伴う。

できれば「これは力強いワインではないが、非常にデリケートで、持続性があり、余韻がいつまでも続く。一見シンプルに見えるが、ニュアンスに富み、徐々に複雑さが出てくる。是非お薦めしたい」といった具合に文章でワインの本質を伝えたいと思う。

しかも**92点と93点の差はかなり曖昧で、直感的なものでしかなく、客観的な裏付けはない。かなりいい加減なものなのである。**

ただ、点数をつけないことは許されなかった。点数がないガイドブックは売れないのである。多くの読者は詳細な記述には興味がなく、本文は読まない。一目でわかる点数だけを見る。95点なら買ってみるが、82点ならば買わないといった具合だ。

すでに述べてきたようにワインは種類や特徴が多様で、それぞれの消費者の好みもさまざまだ。**正しく評価しようとすると、ある意味とても複雑である。だからこそ人はそんな煩わしさを避けて一刀両断で評価を示してくれる点数を求めるのだろ**

う。点数による評価は、ワインをそれほど飲みなれていない新興市場ほど影響力がある。若い頃から（イタリアやスペインではしばしば子供の頃から）ワインを飲みなれているヨーロッパなどの消費者は自分の好みをはっきりと知っているので、点数にはあまり影響されない。

ミシュランガイドも同じだ。2つ星と3つ星の差は明確でない。ただレストランにとっては天と地である。レストランのオーナーが口を揃えて言うのは「2つ星はあまり意味がないが、3つ星を獲得すると人生が変わる」ということだ（この傾向はヨーロッパで強く、日本ではそれほど関係ない）。3つ星になると予約が殺到し、2つ星に落ちると予約が埋まらなくなる。3つ星を失う恐怖にさいなまれて自殺するシェフまでいる。

ミシュランの成功の原因はまさに評価の曖昧さにある。他のレストランガイドと比べるとミシュランは記述が破格に少ない。少し前まで記述がまったくなかった。だから3つ星に昇格した理由や、2つ星に格下げされた理由は一切示されない。喧々諤々《けんけんがくがく》の論争が起こるのである。

「あのレストランに3つ星はやり過ぎだろ。私は納得できない」とか、「なぜあのレストランが3つ星を失ったのか理解に苦しむ。私にとっては世界一のレストランだ」といった具合に皆が熱く語るのだ。まさにミシュランの思うツボだ。**曖昧さに納得できない人が多いほど、星の重要性が増すのである。**

私はイタリアのガンベロ・ロッソ社のレストランガイドの覆面調査員を10年間行った。このガイドは半ページの記述欄があった。だから本文を読めば、なぜ私があるレストランに92点を与えて高く評価したかがわかるようになっている。

ただ、このようなレストランガイドはあまり成功しない。多くの消費者は本文をじっくり読み込んで、どんなレストランなのかを理解しようとする根気がないのだ。レストランの特徴やタイプはどうでもよく、2つ星か3つ星かに興味があるのである。**このような消費者にとってシンプルな点数評価ほど有効な指標はないのである。**

生産者という神話

近年は生産者の来日も増え、その話を聞く機会も増えたが、それを無批判に受け入れるのはいかがなものかと思う。ワインを造る人が、必ずしもワインの評価に優れているとは限らない。これはワイン生産者だけでなく、料理人でも、芸術家でも同じだ。

物を創造する人は、自分の信念に基づいて、最高と思うワイン、料理、芸術作品をつくるのであり、それを広い文脈の中に位置づけて、適切に評価する能力を持つ必要はないし、多くの場合持っていない。それは学者や研究者の仕事であって、創造者の仕事ではないからだ。

ピカソはそれぞれの時期に自分がベストと思う絵画を描いたのであって、ピカソの変遷を現代美術の流れに位置づけて評価する能力は彼には求められていないし、ピカソ自身もそのような作業には興味がなかったことだろう。

生産者も同じで、自分が所有している畑の特徴を活かして、ベストと思えるワインを造っているのであり、それが産地や世界でどのような位置を占めるかを考える必要はない。

創造した人間が、必ずしも自分の作品の優れた評価者、解釈者とも限らない。典型的な例は、作曲家が自分で指揮やピアノ演奏をした場合である。ストラヴィンスキー自身の指揮による『春の祭典』や『火の鳥』の自作自演の録音が残っているが、非常に淡々とした演奏で、これが本来の形なのかもしれないが、ブーレーズ指揮による、よりメリハリの利いた演奏を好む愛好家も多いだろう。スクリャービンの自作自演よりも、ホロヴィッツの華麗な演奏を好む人も多いと思う。創造者が必ずしも最高の評価者でないことは認識する必要がある。

ワインも同じで、**生産者が全力投球で造ったトップワインよりも、肩の力を抜いて造った下のレンジのワインのほうが、私には好ましく思われるということもしばしばある。**

それを本人に話すと、とても傷つくが、仕方がない。歌手でも自信作がヒットするとは限らないし、B面の曲（レコードだった時代は自信のある曲をA面に入れ、マイナーと考えた曲をB面に置いた）が大ヒットすることもあるのである。

また**生産者は第一利害関係者である。当たり前だがワインを生産、販売することにより、生計を立てている。だから幼稚な性善説に立って、生産者の話を丸呑みする愚は避けなければならない。**よほど親しい友人にならない限り、自分に不利な話をするはずはないのである。

私はワイナリーが何年に創設されたとか、何ヘクタールのブドウ畑を所有しているかなどの基本的な情報は生産者に尋ねるが、ワインの特徴や評価についての生産者の意見はあくまで「造り手はこういう考え方で造っている」という参考にとどめている。落語家や役者の芸談を読むときと同じである。

虚構に踊らされない

ナポレオンが愛したワインとしてジュヴレ・シャンベルタンが挙げられる。皇帝ナポレオンはどんなワインも手に入れられる立場だったので、その彼が好んだワインならさぞかし素晴らしいのだろうと人は思ってしまうが、実は何の保証にもならない。**彼は美食家でも、ワイン専門家でもないからである。仕事の鬼であったナポレオンはほとんど食事に時間をかけなかったし、あれほど急速にキャリアを駆け上がるには、食やワインにかまけている暇はなかっただろうと容易に想像がつく。**

美食家ブリア・サヴァランが愛したワインならば信頼性はぐっと増すが、ナポレオンでは駄目だ。ただこのような虚構は意外に幅を利かしている。

「イタリア人が行くイタリア料理店は美味しい」というのも虚構である。なぜならイタリア人全員がグルメなわけではない。

ローマに行くと「日本人が集まる日本料理店だから味は保証つきだ」とイタリア人が話している。まるで日本人はすべて食の達人であるかのように。

母国の人が集まるのはもちろん料理が美味しいのかもしれないが、情報交換ができる貴重な場なのかもしれないし、接待などに適しているのかもしれない。そもそもイタリア人が行く店が美味しいのなら、イタリアにあるレストランやトラットリアはすべて美味しいということになる。

このような**耳あたりの良い「虚構」はしばしば危険である。**

話が飛躍するが、思い出すのは佐村河内守《さむらごうちまもる》のゴーストライター問題だ。「全聾《ぜんろう》の作曲家」「現代のベートーヴェン」と持て囃《はや》されていた佐村河内守の作品は実はゴーストライターである新垣隆《にいがきたかし》が作ったもので、耳も聴こえていたというスキャンダルである。

佐村河内守名義で初演された『交響曲第1番』（HIROSHIMA）は際物ではなく、

実はかなり評価の高い作品だ。ただ、爆発的にヒットしたのはＮＨＫスペシャル『魂の旋律〜音を失った作曲家〜』などが作り上げた、困難と闘いながらもがき苦しむ作曲家という虚構のおかげなのである。

本来、素晴らしい曲は物語を必要としていない。それだけで十分に価値があるのだ。虚構のせいで、作品本来の価値まで卑しめられたとしたらとても残念である。『交響曲第1番』（HIROSHIMA）が佐村河内守作曲であろうが、新垣隆作曲であろうが曲の価値は変わらない。また、佐村河内守の耳が聴こえていようが、いまいが、曲の価値に影響を与えるものではない。

同じく、ワイン造りにおいても**生産者が困難を克服して造ったか、楽をして造ったかはワインの品質には関係ない**。よく「地中海に面した絶壁に張りついた段々畑の困難な状況を家族が団結して克服し、誕生したワイン」といったエピソードが語られる。「物語」としては非常に興味深いが、ワインの品質に影響を及ぼすものではない。苦労して造れば、一層味わいが増すというものではないのだ。品質に関してはグラスの中にあるワインがすべてである。

ヨーロッパの歴史の中に常にあったワインは多くのエピソードに満ちている。そのような「物語」は面白いが、今私たちが飲むワインの品質とは関係がない。**グラスの中にあるワインから読み取れるものだけが真実だ。**

ワインをブラインドで出されても、ひょっとしたら品種や産地は読み取れるかもしれないが、ナポレオンが愛したかどうかを読み取ることはできない。

その意味で**品種やテロワールはワインと直結しているが、エピソードは直結していない。**あくまでアクセサリーといった位置づけが相応しいのである。

日常に溶け込むワイン

サッカーも、ラグビーもワールドカップの間は非常に盛り上がるが、それが過ぎると一気に熱量が下がると嘆いている。当然の帰結である。ワールドカップ時に盛り上がっているのは日本チームが勝つことを応援しているファンであって、サッカーやラグビーというスポーツを愛しているファンではないからである。

実際サッカーのワールドカップで盛り上がったファンは、ラグビーワールドカップでも盛り上がっている。

もちろんサッカーとラグビーの両方を愛するファンもいるだろうが、それぞれのスポーツよりも「応援」と「一体感」を愛しているファンが多いのだ。

だからお祭りが終われば、日常のリーグ戦には興味がない。勝ち負けに一喜一憂するのは「応援」であって、「観戦」ではない。実際ゲーム自体を真剣に楽しむというより、ゴールやトライの瞬間だけを待っている人も多い。

テレビの中継がそれに拍車をかける。スポーツ中継ではなく、応援イベントである。ゲストがやたらと多く、ほとんどが応援団だ。日本が勝つことをひたすら願って、叫び、応援する。そこにスポーツ自体を楽しもうという姿勢はない。日本チームが勝つことを願う強い意志があるだけである。だからサッカーでも、ラグビーでも、バレーボールでも、何でもいいのだ。

スポーツファンはその競技を観戦することを愛している。もちろん応援しているチームはあるだろうが、贔屓のチームが勝つことよりも、素晴らしい試合であることを願っている。息を飲むような緊張感のある展開や、敵チームであっても記憶に残るようなプレーを見たいと願っているのである。勝つか、負けるかよりも、どのように戦ったかが重要なのだ。「応援」ではなく「観戦」が好きなのだ。

このようなファンは、ワールドカップが終わってもそのスポーツを見捨てることはなく、リーグ戦にも足を運んでくれる。お祭りとしてのスポーツでなく、競技としてのスポーツを愛するファンだ。このようなファンこそを育てる必要がある。

ワインも同じで、**特別なイベントとしてワインを飲むファンではなく、日常の中でワインの微妙なニュアンスや味わいを愛でてくれる愛好家こそを大切にする必要がある。**

「ナポレオンが愛した」からシャンベルタンを飲む愛好家ではなく、シャンベルタンの味わいを好きになってくれる愛好家だ。ワインの価格や名声に惑わされず、自分の好みをしっかり持っている愛好家こそが、ワインを支えてくれているのである。

第2章

自分だけの楽しみ方

あの手この手でワインを楽しむ

よく「ワインはどのように飲めばいいですか？」と尋ねられる。もちろん好きなように飲めばいいので、ルールはない。ただワインにはいくつかの特徴があるので、それを押さえておくと自分好みの楽しみ方が見つけやすいだろう。

―変化を楽しむ―

抜栓する前のワインは、基本的に酸素に触れない還元状態にある。それを**抜栓すると一気に空気（酸素）に触れるので、香りと味わいが急速に変化する。長年熟成させたワインほどその変化は激しい。グラスに注ぐとさらに酸素に触れるのでその変化が加速する。**

ある程度熟成させたワインだと食事を楽しんでいる2～3時間の間にめまぐるしく変化を続ける。最初は香りが閉じて、味わいも硬く感じられるのに、10分もすると香りが華やかに開き始め、花や果実のアロマが立ち上ってきて、味わいもどんどんなめらかに変化していくのを楽しむのはワイン好きにはたまらない。

ワインが余れば置いておいて、翌日に飲むとさらに変化しているのを楽しめる。**翌日のほうが美味しくなっていることも珍しくない。**レストランでグラスワインを頼んだときなどはこの変化を楽しむことはできないので少し残念な気がする。

―香りを楽しむ―

ワインは香りに特徴が出るのでそれを楽しまないのはもったいないと思えば、口に含む前にワインのアロマを楽しめばいいだろう。

香りにさして興味がなければ、いきなり口に入れて味わいを楽しんでも何の問題もない。テーブルで話に熱中しているときなどはワインの香りなど忘れていることもあるだろう。それでも飲んで美味しければ別に問題はないのである。

香りを楽しみたいと思えば、やや大きめのワイングラスを選ぶのがいいだろう。口先が少し内側に閉じているチューリップ型（ボルドーワインに適しているとされる）**が万能で、適度に香りを凝縮してくれるし、味わいもバランスよく感じられる。**すべてのワイン（スパークリングワインも）をこのグラスで飲むという人もいる。

さらにアロマを開かせて楽しみたいのなら、バルーン型（ブルゴーニュに適しているとされる）がいいだろう。ワインが空気に触れる面積が広くなるので香りが立ち上りやすい。ただどこまで香りに重きを置くのかは飲む人の好みによる。

よくワイン好きの人が行う、グラスを回して香りをさらに楽しむというやり方もありだ。ただグラスを振り回しすぎると跳ねたワインが飛び出して迷惑がかかるので注意する必要がある。**口の中にワインを入れるとすぐに飲みこんでしまわないで、しばらく口の中に転がしてアロマと味わいを楽しもうとする人も多い。**

試飲をするときはワインでクチュクチュ口をゆすぐようなことをするが、食卓ではあまり気持ちいいものではない。口に空気を入れてズーズーと音を立てることもプロの試飲では行われるが、これは食卓では絶対にやめたほうがいいだろう。そんなことをしなくても普通に味わいはわかるはずである。

この種の「いかにも専門的に試飲してます」といったジェスチャーは見苦しいし、本当に試飲能力の高い人はそんなことをしなくても一瞬でジャッジする力がある。

どちらにしてもワインは食卓を楽しくするためにあるのだから、同席している人に不愉快な思いをさせないというのは最低限の心配りだ。それが嫌なら、ぼっち飯をしておけばいい。

―環境について―

総じて似非ワイン通ほど試飲環境にうるさく注文をつける癖がある。やれ「空気がきれいでないと試飲できない」とか、「BGMがうるさすぎて集中できない」とか、「この順番で試飲すべきだ」とか、とにかくうるさい。「この光では駄目だ」とのたまう輩もいる。すべて己の未熟さからくる問題だ。

もちろん試飲するには**空気がきれいで、静かで、明るめのやわらかい光が差し、適切な順番であれば理想的だ。**ただ人生で理想的な条件が整っていることなどめったにないのと同じで、試飲も今ある環境の中でするしかないのである。**自分がグラスの中のワインに集中しさえすれば大抵の問題は乗り越えられるはずだ。**

イタリアで最も有名で「伝説的」と言ってもいい醸造家ジャコモ・タキスの家に招かれたことがある。彼が「私がどこで試飲するかを見せてあげましょう」と言って連れていってくれたのは、台所の横にある洗濯機が置かれた部屋だった。

水道の蛇口と洗面台があるのでワインを吐き出したり、グラスを洗ったりするには便利そうだったが、およそベストとされる環境ではなかった。「ここが一番落ち着くのです」と彼は微笑んでいたが、まさに弘法筆を選ばずである。

私もガイドブックの仕事のためにあらゆる環境で試飲をしてきた。ガイドブックの試飲は1週間で1000種類以上のワインを試飲するので、それを置いておく場所だけでも大変である。

大抵はホテルやレストランに頼んで、会場を貸してもらうことが多い。お金を払っているわけでもなく、好意で協力してくれているので、こちらとしても我儘《わがまま》を言うことはできない。だからかなりひどい環境でも耐えて、試飲をしてきた。ホテルのロビーの片隅に仕切りをして試飲したこともあるし、倉庫のような場所で試飲したこともある。大宴会で騒いでいる隣の部屋で試飲したこともあったし、タバコの煙が漂ってくる部屋で試飲したこともあった。

もちろん100％のパフォーマンスはできなかったかもしれないが、それでも頑張れば90％ぐらいの試飲判断はできるものである。常にすべてがうまくいくことなどめったにないのだから、**今ある環境で楽しんだり、ベストを尽くしたりするべきだ。**

第一印象と直感

ワインガイドの仕事の試飲ではだいたい1日に100〜120種類を試飲する。よく「それだけ試飲して最後のほうのワインもちゃんと判断できるのですか?」と尋ねられるが、まさにそこが最も重要な点である。嗅覚や味覚は徐々に衰えてくるので、100種類試飲してもパフォーマンスが落ちないような試飲の仕方をする必要がある。

生産者を訪問するとワインを6〜10種類試飲することが多い。そのときは全力で集中して10種類のワインを試飲してもまったく問題はない。ところが**100種類を全力で集中して試飲しようとすると20番目ぐらいからパフォーマンスがガクッと落ちる。**それでは最初に試飲したワインと最後に試飲したワインの判断基準が変わってしまうのでまずい。

だから10種類のワインを試飲するときにすべてのワインに100%の力を入れるとしたら、**100種類試飲するときは最初から70〜80%の力で試飲するのである。そうすれば最初のワインから100番目のワインまでコンスタントなパフォーマン**

スを保つことができる。10種類試飲するのが短距離走の走り方だとすれば、１００種類試飲するときはマラソンの走り方をする必要がある。

マラソンで最初凄いスピードで飛ばしてトップを走っているのに、中間点あたりでエネルギーが尽きて、順位を落とす選手がいるが、そのような試飲は避けなければならない。ペースメーカーのようにエネルギーを均等に分配せねばならない。

テイスターの人数を増やして、１００種類も試飲するのを止めて、一人は１日15種類までの試飲に抑えれば問題は解決するように思われるが、信頼できるテイスターを見つけるのは至難の業だ。だから私たちは毎年5万種類ほどのサンプルを八人で試飲していた。信頼できるテイスターの80％の試飲のほうが、信頼できないテイスターの全力投球の試飲より安心できるからである。

ガイドブックの仕事で学んだのは瞬時にワインを判断することである。**どんな複雑なワインでも一瞬でその本質を捉える。そのことが重要だ。**一流の醸造家や生産者ほど試飲は速い。何回もグラスをぶんぶん振り回しているのは未熟者だ。第一印象と最初の数秒が勝負となる。色々と考え始めると判断を誤ることが多い。

ソムリエコンクールのブラインドテイスティング（銘柄を知らされずに試飲してそ

れを当てる試験）でも最初にAと言って、その後に考え直してBと言い換えた場合は大抵最初の答えが正解に近い。グラスを回せば回すほど迷い込んでしまうのだ。人を判断するのも同じだろう。第一印象と直感にまさるものはない。相手の話を聞いたり、相手について色々知ってしまうと見誤る可能性がむしろ増えるのだ。

自分だけの試飲スタイル

ワインの仕事をしたおかげでさまざまな醸造家、生産者、ジャーナリストと一緒にワインを試飲する機会に恵まれた。試飲の仕方はそれぞれでまったく異なる。

ブルゴーニュの神話的生産者ラルー・ビーズ・ルロワはブランデーグラスを持つように両掌でグラスを包み込み、愛おしい雛《ひな》を抱えるかのようにやさしくグラスを持って、ワインを少しだけ試飲していた。

フランスの著名なジャーナリストのミシェル・ベタンは、かなりの量のワインを口に含んで一気に吐き出していた。

イタリアワインの帝王アンジェロ・ガヤは少し香りをかいだ後にごく少量のワインを口に含み、唇を一度すぼめてワインを舌の上に転がして飲み込むと感想を述べ、二度とグラスに戻ることはなかった。

それぞれスタイルは異なるが、一流のテイスターの仕草には説得力がある。茶道でも、華道でも、踊りでも名人の所作が美しいのと同じである。**その人が試行錯誤を経て、長い経験の中で自分がベストと考える試飲方法を磨き上げてきたやり方だから、無駄がなく、流麗に感じるのだ。**

野球のバッティングと同じである。一本足打法でも、振り子打法でも、変な構えでもヒットやホームランが打てればそれでいいし、ヒットやホームランを打つ打法はやはり美しく見えてくるものなのである。

だから**正しいワインの試飲法というのはない。自分にとって正しいやり方でいいのだ。**一見奇妙に見えても、自我流を貫くことが大切なのである。

ブラインドテイスティングの意味

ソムリエコンクールにワインの銘柄を隠してサーブし、品種、産地、ヴィンテージなどを当てさせるという試験があり、ブラインドテイスティングと呼ばれている。それを見ていると**厳しい選別を勝ち抜いてきたソムリエでも正解に辿り着くことはほとんどない。**

ただこれは、ある意味当たり前の話だ。無理なことを要求しているのである。

まず品種だが、品種の特徴がもろに出たヴァラエタルワインなら当てることは比較的容易だろう。ニューワールドの低価格帯のソーヴィニヨン・ブランなどは簡単にわかる。ただテロワールワインは品種の特徴よりテロワールの特徴が表に出ているので、品種がわからないこともある。

同じシャルドネでも意外なほどアロマティックになったりする畑があり、このような場合はまさにそのワインを知っていないとまず品種を当てることはできない。

次に産地だが、産地の刻印がはっきりと出る産地（テロワールの特徴が強い産地）のワインはわかりやすいが、テロワールの特徴が弱い産地のワインだと当てることは難しい。

低価格帯のシャルドネやメルロを例にとると、チリのものか、南アフリカのものか、南仏のものかわからないことは多い。

もちろん冷涼な産地か、暑い産地かはわかるのだが、国まで当てろと言われると3〜5の選択肢中から一つを選ぶという博打となる。

ヴィンテージもやっかいだ。ブルゴーニュの白ワインやボルドーの赤ワインのように緩やかに熟成するワインの場合、収穫から2年経ったか、3年経ったかを判断するのは不可能だ。若いワインと判断したならば、どの年が暑いヴィンテージだったか、冷涼なヴィンテージだったかという知識を引き出して、決めるしかない。ただヴィンテージの特徴から判断するにはどこの産地かがわかっていないと無理だ。

仕方なく博打で、今試飲しているワインはブルゴーニュの白ワインで、この清らかな酸は2014の特徴と思うといった具合に推論していく。だから最初の「ブルゴーニュの白ワインだと思う」というのが間違っていれば、後も全部間違えることになる。

よく**「品種、産地、ヴィンテージの一つぐらい当たらないのかよ」と馬鹿にする人がいるが、一つがこけたら皆こけるということも十分にありうるのだ。**

長く熟成させたワインだとさらに難しい。同じ品種を使った同じ産地のワインでも、20年経ってもおどろくほど若々しいワインがあるかと思えば、10年ほどで枯れてしまっているワインもあるからだ。

ソムリエの実力を判断するうえで重要なのは、品種、産地、ヴィンテージをいくつ当てたかよりも、どのようにコメントして、どのように間違ったかである。

例えば普通10年ぐらいで飲み頃になると思われている赤ワイン（例えばブルゴーニュの赤やトスカーナのキアンティ・クラッシコ）の25年前のヴィンテージ1995がブラインドテイスティングに供されて、驚くほど若々しかったとする。誰が試飲しても15年ぐらいしか熟成していないと思えるワインである。

その場合コンクールに参加しているソムリエが2005と答えれば、彼は判断能力が高く、優れたテイスターであるということになる。間違いにこそ真実が宿る。もし1995と答えれば、答えとしては正解だが、ワインの熟成を正しく捉えていないということになる。唯一の例外はそのヴィンテージのそのワインを飲んだことがあり、記憶していた場合だが、そんなことは珍しい。だからこの場合は2005と間違った答えを出した人のほうに高い得点を与えるべきなのだが、実際は1995と答えた人が大きく他を引き離す。

「それだったら予想外に若いワインをブラインドテイスティングに使うな」という

つっこみが入りそうだが、前述したようにワインは抜栓してみないとわからないところがある。このワインを選んだ主催者は、そこまで若々しいとは思っていなかったのである。

ブラインドで銘柄を当てるためには、相当幸運に恵まれている必要がある。ただまったく当たらないかと言えばそうでもない。時間をかけて熟考した場合よりも、適当に直感で言った場合のほうが、当たることが多い。

私が銘柄を当てた場合でも、5～10ぐらい選択肢があり、とりあえず言ってみたらたまたま当たっていたという場合がほとんどだ。漫画やドラマでよく見る、まったく何かわからないワインを差し出されて、銘柄とヴィンテージを当てるというのは、まずありえない話である。

銘柄を当てる

一度シチリアの生産者がエトナのワインを15種類揃えてブラインドで試飲したことがあった。試飲に参加したのはワイナリーのオーナー（販売担当）、もう一人のオーナー（栽培担当）、醸造コンサルタント、友人のピエモンテの著名生産者、私の五人。

15種類の中にはそのワイナリーのワインが二つ混ざっていた。銘柄を当てるための試飲ではなく、1番から15番までのそれぞれのワインについて意見を述べ合い、最後に銘柄を開示するというものであった。

このテイスティングを主催したワイナリーのワインがどれであるかを当てる必要はなかったが、誰もがどうしてもそれを考えてしまう。意見を述べ合っているうちに、やっぱり「5番はお前のワインだろう」みたいな話にもなったが、結論から言うと全員が外した。

それぞれが優れたワインであるか、魅力的なワインであるか、欠点があるワインであるかを的確に見抜くということはできても、銘柄を完璧に当てるというのは至難の業である。

別の試飲会で醸造コンサルタントが8種類のワインをブラインドで試飲するセミナーの講師をしていて、ボロカスに貶《けな》していたワインが実は彼の造ったワインだったという超気まずいシーンを目撃したことがある。

銘柄をブラインドで当てたからと言って優れたテイスターとは言えないし、優れたテイスターでも銘柄を外すことはごく普通にある。

ワインの絶対音感

今まで銘柄を当てる際立った才能を持つ人物に三人会ったことがある。三人とも男性だったが、彼らを見ていると私とはまったくプロセスが異なっていた。

私も含めて普通の人間は推論により銘柄を当てようとする。例えば「この白ワインはブルゴーニュだと思える（これぐらいは少しなれれば誰でもわかるようになる）。凛とした品の良さはピュリニー・モンラッシェを思いださせる。ムルソーならもう少しふくよかでやさしい印象を与えるはずだ。ただ持続性がやや弱い。超一流の畑ではないだろう。ヴィラージュか、それともピュリニーではないのかも。でもこの生き生きとしたフレッシュさは魅力的だ。標高が高い区画かもしれない。ただシュヴァリエ・モンラッシェにしてはミネラルが弱い。うーん。ひょっとしたらピュリニー・モンラッシェではなく、道を一つ隔てた丘の向こう側のサン・トーバンのアン・レミリィの畑かもしれない。そうだ。このトーンは記憶にある。私が好きなマルコ・コランだ。酸が清らかだが、少しこなれ始めているから2014か？」といった感じで絞り込んでいくのである。

推論の初めのほうがこけると、すべてこける。逆に、うまくいくと正解に辿り着くこともある。最後にいくつかの選択肢が残るので、その中から直感で選ぶことになるが、それまでは論理的推論である。

ただ私が出会った三人のブラインドテイスティング名人は推論をせずに試飲しただけで、即座に「これはマルコ・コランのサン・トーバン・アン・レミリィの２０１４だ」と答えるのである。

一人は世界最優秀ソムリエに選ばれたことのあるイタリア人だが、彼が香りだけで「これはドン・ペリニヨン2008だ」とか「シャトー・ディケム1983だ」とか当てるのを目撃したことがある。

彼らの試飲を見るたびに、私は絶対音感を思いだす。絶対音感はすべての音が楽譜でどの音になるかを聴き分けられる能力である。絶対音感を持っている人は消防車のサイレンもクラクションの音も楽譜の音として認識できる。

ただ絶対音感を持った人が優れた音楽家かというとそうでもなく、むしろ邪魔になる場合もある。

ワインの銘柄をブラインドで当てる才能は絶対音感のようなものだろう。あるワインを試飲すると推論ではなく、一気に記憶の引き出しから銘柄とヴィンテージが出てくる。そのような才能なのだ。だから彼らは飲んだことのあり、記憶しているワインなら一気に銘柄を当てることができるのだ。

このようなワイン試飲の絶対音階を持っていれば、ソムリエコンクールでは圧倒的に有利である。ただ繰り返しになるが、彼らが必ず優れたテイスターになれるというわけではない。**重要なのは銘柄を当てることではなく、どのような論理的推論でそこに辿り着いたかということなのである。**

そして論理的推論をするということはワインを広い文脈の中に位置づけられることになり、それはワインを判断するうえでとても重要なことなのである。

ワインの最適温度

ワインを飲むときに何かと難しいマナーを押しつけたがる人がいる。「白ワインの温度はこうでなければならない」「赤ワインは室温でサーブするべし」「若いワインはデキャンタすべきだ」などと宣《のたま》う御仁である。

まずワインをサービスする温度だが、マニュアルなどで一般的に提案されているサービス温度はスパークリングワインが5〜7度、フレッシュな白ワインが6〜9度、しっかりした白ワインが10〜15度、軽めの赤ワインが12〜14度、重厚な赤ワインが16〜20度である。ただ、これも**好き嫌いがあり、時代とともに大きく変わってきている。**

1980年頃までは工業的に造られたフレッシュでフルーティーだが個性が弱い白ワインが多かったので、このような清涼飲料水的白ワインはかなり冷やしたほうが美味しく感じられる。5度ぐらいでもいい。温度を上げると「粗が目立つ」のである。

それに対して、ブルゴーニュの白ワインなどは確かに13度ぐらいまで上げたほうがまろやかさ、複雑さが楽しめる。

当然その日の気分や、どのように飲むかによって、同じワインでも好ましいと思える温度は変わるだろう。夏の暑い日の夕食に最初のワインとして飲むなら、ブルゴーニュでも8度ぐらいに冷やして飲み始めたいし、同じワインをシャンパーニュの後にメインディッシュと楽しむなら、やや高めの12度ぐらいから始めてもいいだろう。

自分が飲んでみて最も心地よいと感じられる温度が最適温度である。

―赤ワインは室温で？？？―

赤ワインは室温でサーブするという誤解がまだ幅を利かせているが、この場合の室温は昔のヨーロッパの石造りの古い建物の室温＝14～16度である。暖房の快適さになれてしまった私たちの室温は、22～25度ほどである。だから**室温でサーブしたのでは温度が高すぎる。**

それにワインのスタイルも変化した。昔はタンニンが粗いワインが多かったので、このようなワインを低めの温度でサーブするととても渋く感じられた。

今はフェノール類が完璧に成熟してから収穫するようになったし、技術も進化したので、重厚な赤ワインでもタンニンはやわらかく、甘い。そうすると**かなり温度を下げても渋さは感じず、むしろ生き生きとした果実が引き立つ**のである。

アンジェロ・ガヤはかなり低めの温度を好んでいる。彼が造るバルバレスコは重厚な赤ワインで、タンニンが強いことで有名だ。

バルバレスコの理想的サービス温度は16～20度とされる。昔はアンジェロも16度ぐらいを指定していたが、最近は13～14度を好んでいる。

彼のバルバレスコは非常にエレガントなので、13度ぐらいまで冷やすと繊細な果実と清らかな酸が引き立ち、とても魅力的だ。タンニンの成熟と抽出が完璧なので渋さは感じないし、上質のタンニンの絹のような口当たりがとても印象的だ。

今のレストランの室温は高いので、しばらくグラスに置いておくと温度は18度ほどに上がる。そうするとよりふくよかで、包み込むようなニュアンスが感じられる。**低い温度のときは絹のように思えた口当たりが、温度が上がるとビロードのように感じられる。低めの温度でサーブする醍醐味は温度が上がってワインが変化していく様を楽しめることである。**

ワインのサービス温度については、しばしばピンポイントで最適温度の論議がなされるが、今の日本の室温ではグラスやボトルの中のワインの温度は必ず上昇する。だから昔より低めの温度でスタートする必要があるのだ。

注いだ後の味わいの変化

私は個人的にはワインはかなり低めの温度からスタートするのが好きだ。やや控えめで閉じた状態からワインが食卓で華やかに開いていくのを愛でるのがいい。例えばある赤ワインの私にとっての最適温度が18度だとしたら、最初は13度ぐらいからスタートしたい。それが少しずつ変化して最高の状態になっていく、いわば上り坂の状態を楽しみたいのだ。

よくいきなり最適温度でワインをサーブしたがる人がいるが、それでは後は下り坂になって悲しい。**シンフォニーでも最初は静かに始まり、徐々にクレッシェンドしていって、最後にフォルティッシモの和音が鳴り響くというのが感動的だ。**いきなり最初の一口が絶頂だったら後の楽しみがないではないか。

同じことがデキャンタージュについても言える。デキャンタージュは抜栓したワインをデキャンタに移して、空気に触れさせることにより香りや味わいを開かせる作業である。比較的若いワインの場合は、瓶の中で閉じていたワインを一気に開かせて、ベストな状態に持っていくことが目的だ。

セラーから恭《うやうや》しく持ってきた貴重なワインを鮮やかに抜栓し、デキャンタに移すデキャンタージュはソムリエの晴れ舞台で腕の見せ所だ。厳かな儀式性はとても魅力的でもある。

ただ、これも個人の好みだが、私はデキャンタージュが好きではない。温度について書いたのと同じ理屈である。ワインをいきなりベストの状態に持っていってほしくないのである。

デキャンタージュしなくても、抜栓したワインは徐々に変化する。食事をしている間にワインが開いていくのを楽しみたいのである。食事が終わり、ワインも残り少なくなった頃にベストの状態になっているというのが私にとっては最良のシナリオだ。繰り返しになるがこれも個人的好みの問題だ。

もう一つ個人的好みの問題を書かせてもらうと、グラスワインで色々と試すよりも、1本のボトルを注文して、じっくりと向かい合うのが好きだ。色々な料理をつまみ食いするよりも、じっくりと一皿に向かい合いたいというのと同じ感覚だ。

それにボトルが食卓にあるという風景が好きだ。以前イタリアの田舎の村でワインを飲まないときでもワインのボトルだけはテーブルに置いておくと話をしていたおばあさんがいたが、テーブルに置かれたワインは家族や仲間と食卓を共有していること、同じ時間を過ごしていることの象徴なのである。

幸せな飲み方

人のワインの飲み方にいちゃもんをつけてくる人がいる。「そんなグラスではワインがかわいそうですよ」とか、「その温度ではワインが泣きますよ」とか。余計なお世話だ。

どんなグラスでも、どんな温度でも、飲む人が満足していればそれが最高なのである。

思い出すのは、フランチャコルタをテーマにしたTV番組を撮影したときのことだ。フランチャコルタは、イタリア北部のアルプスの南にあるイゼオ湖という美しい湖の南に広がる丘陵地帯で造られる魅惑的なスパークリングワインのことで、お洒落なミラネーゼ（ミラノっ子）の心を捉えたワインとして、日本でも人気が急上昇している。

撮影では、産地の背後にあるアルプスで牛や山羊を夏季放牧してミルク、バター、チーズを生産している家族を取材した。断崖絶壁の山をジープで登って辿り着く、標高2000mを超す山中で家族が造っているチーズはとても美味しいものだった。半日の撮影が終わると、草原にテーブルを出し、チーズとバターとパンをご馳走してくれた。

この家族は6月から9月まで高地に滞在し、冬になると山羊と牛を連れて村に下る。夏を過ごす山小屋には最低限のものしかない。もちろん、ワイングラスなどなく、**持ってきたフランチャコルタは、水を飲むための普通のコップに入れて皆で乾杯した。**

スパークリングワインを飲むには最も不適切なコップだったが、私にとっては最高のフランチャコルタとなった。澄んだ空気と清らかな光の中、爽やかなアルプスの風に吹かれて飲んだフランチャコルタは今までで最も美味しく感じられた。

赤ワインをサーブする温度についても、私は低めが好きだと書いたが、今でも赤ワイン＝室温と思い込んでいる人が多くいて、「温度を下げてくれ」と言うと「とんでもない」というリアクションをする。「味が悪くなってもいいから私の言うようにしろ」というとしぶしぶ従う。面倒な話である。

本人が満足する幸せな飲み方であることが何より重要なのである。

――リリースされた先――

トランプ元大統領が何にでもケチャップをかけるから味音痴だと言われている。何にでもマヨネーズをかけるマヨラーも同じだ。

ただ本人がそれで満足しているなら、放っておいてやればいいと私は思う。食べ物も飲み物もそれぞれ好みがあるのだから、本人が幸せなら他人がどうこうと口を挟む話ではないだろう。

中国の成金のワインの飲み方が酷いと聞く。何十万円もする洗練されたワインに氷を入れて飲むとか、コーラで割って飲むとかいう話を聞く。

確かにもったいないとは思うが、本人が買ったワインである限り仕方がない。生産者に失礼だと言う人もいるが、それだったら生産者が売り先を選べばいいだけのことだ。高価格を払えば誰にでも自由に流通させる酒商《ネゴシアン》に売っておいて、文句を言う筋合いはない。

それは芸術でも同じことだろう。芸術を享受する人間が好きなやり方で享受するのが自然なことで、誰もそれを止められない。私はBGMによくマーラーの『交響曲第9番』やシェーンベルクの『浄められた夜』をかけるが、このような精神性の高い崇高な曲を仕事がてらに聴くのは失礼だと思う人がいるかもしれない。

ワインも芸術も、市場にリリースされた瞬間に生産者や芸術家の手を離れる。そしてそれは消費されたとき（ワインは飲まれたとき、芸術は鑑賞されたとき）に初めて本来の役割を果たすのである。

ワインと料理の相性

料理とワインの相性について滔々《とうとう》と持論を述べる人がいる。

「このソーヴィニヨン・ブランの爽やかなハーブのニュアンスは絶対にスモークサーモンにディルを添えたこの料理に合うはずだ」とか、「この熟成したブルネッロ・ディ・モンタルチーノの腐葉土のニュアンスはビステッカ・アッラ・フィオレンティーナと最高だ」といった類の話である。

たまに面白いこともあるが、大抵は退屈である。基本的にはその人の「俺ならこうする」という主観の話でしかなく、こちらの心に響かないのだ。

ワインと料理の相性は服装のコーディネートと似ている。服装には色、柄などの組み合わせの基本があり、それを守ると「大きく外す」ことはない。ただ基本を破っても、まったく問題ない。それぞれの好みがあるし、その日の気分で色を選ぶことも多い。「勝負の日は赤」とか「落ち着いた気分の日は青」とか決めている人もいる。

要は本人が幸せな気分になれることが肝心なのだ。私が着たらチンドン屋にしか見えないような奇妙奇天烈な服も流行の最先端にいる人が着るとクールかもしれない。人によるのである。だから自分がどんな色のコーディネートが好きかを滔々と語っても、他の人にとっては退屈なだけだろう。

料理とワインの相性も同じだ。濃厚な肉料理にはタンニンが強いワインが合う（タンニンが脂を流してくれるから）とか、クリームを使った魚料理には熟成したシャルドネが合う（なめらかな味わいなので）とか、ある程度の基本はあるが、**自分の好みに合わなければ基本を無視してもまったく問題ない。**

同じ料理でもその日の気分でフレッシュな白ワインが飲みたいときもあるだろうし、濃厚な白ワインが飲みたいときもある。赤ワインを合わせたいときだってあるかもしれない。基本よりもその日の気分を重視したほうがいいのである。

八方美人なワイン

ヨーロッパでも昔は大人数で会食することが多かった。しかもヨーロッパの料理は基本的に2〜4皿構成で皿数が少ない。だからワインを2〜4種類ほど開けて、それぞれの料理に合わせることが可能だった。

一方、日本の食卓は皿数が多く、色々なものを少しずつ食べることが好きだ。並ぶ料理もかなり雑多なので、一つの料理に一つのワインを合わせるということは不可能である。

典型的な例が鮨だろう。鮨屋に行けば10〜15種類ぐらいは鮨をつまむ。鰈《かれい》にはこのワイン、こはだにはこれ、トロにはこれ、鮑《あわび》にはこれなどと10〜15種類のワインを飲むことは難しい。だからどれにでも合うワインを選ばざるを得ない。懐石料理でも居酒屋でも同じである。

ヨーロッパでも最近はカップルで食事に行くことが増え、食事中は1本のワインで通すということが多い。料理とワインの相性を色々論議してみても、実際は妥協するしかないのである。

その意味で**近年はピンポイントで合うアクの強いワインよりも、どんな料理にも合う八方美人的ワインの受けがいいようだ。フレッシュなシャルドネやピノ・グリージョ、またロゼワインなどが典型的な例である。スパークリングワインも何にでも合うということで伸びている。**

Aの料理との相性は100点満点だが、Bとの相性は50点、Cとの相性は20点というワインより、A、B、Cのどれとの相性も70点というワインが使い勝手がいいのだ。

―思わぬ化学反応―

料理とワインの組み合わせで面白いのは、それぞれが出会うことにより化学反応が起こって、相手の思わぬ面を引き出すことだ。

例えばこってりとしたドミグラスソースを使ったような牛頬肉の煮込みにカリフォルニアのメルロのような果実を感じさせるワインを合わせると肉の甘味が引き立つが、ブルゴーニュの赤のような繊細なワインを合わせるとデリケートな味わいが引き立つ。バローロのようなタンニンと酸が強いワインを合わせると肉の力強さが表に出る。

逆も真なりで、ワインも料理によってさまざまな表情を見せる。タンニンが強めのボルドー（例えばサン・テステフ）にシンプルな炭火焼き牛ステーキを合わせると男性的な果実味が引き出されるが、すき焼きのような醤油を使った料理だと土っぽさが表に出る。お互いが出会うことにより、相手が持っている一面にスポットライトを当ててくれるのである。

「朱に交われば赤くなる」という言葉があるが、出会う相手によって料理もワインもさまざまな表情を見せてくれる。ちょうど人間も友人やパートナーが変われば、良くなったり、悪くなったりするし、ＴＰＯによってさまざまな表情を見せるのと同じである。

ワインとの意外な出合い

その意味で「しっくりとくる」組み合わせも面白いが、**逆にぶつかり合って日頃気づかなかった面が飛び出してくる組み合わせも面白い。**

よく言われるが鮪にはブルゴーニュのようなデリケートな赤ワインがよく合う。「しっくりとくる」組み合わせである。20年ほど熟成させたブルゴーニュの白ワインだと鮪の脂が持つクリーミーなニュアンスがより感じられる。

逆にやや強めの赤ワイン（例えばサンジョヴェーゼ主体に造られるキアンティ・クラッシコ）と一緒だと鮪の独自のアロマが引き立つ。組み合わせと出会いにより同じ食材でも与える印象が異なるのである。

鮪の話が出たので脱線するが普通は鮪のお造りにも、握りにもわさびを使う。子供の頃からわさびを使っているし、まさに「しっくりくる」のである。最近はちょっと創作的な店に行くとわさびではなく、からしを合わせたりしている。これはこれで面白い。私の個人的な感想ではわさびだと上品な味わいが、からしだと躍動的な味わいが引き出されるような気がするが、これもあくまで主観である。ただこれも二つのものの出会いにより、異なる面が引き出されて、異なる印象を受けるという好例だろう。

「しっくりくる」鉄板のマリアージュばかりに囚われて、出会いの多様性を見逃すのはもったいない。どの料理とどのワインがマリアージュするということばかりを考えないで、色々試してみてそれぞれのワインと料理の多面性を楽しむのも面白いのだ。

二人でレストランに行って、それぞれが異なる料理を頼めば、すべての皿に完璧にマッチするワインを選ぶことは不可能だ。必然、ある種の妥協をすることになるのだが、前述した理由で思わず面白い経験をしたり、感動したりすることもある。

友人を紹介する場合もAとBは正反対の性格だから絶対に合わないと思っていても、実際会わせてみると意気投合して親友になったりすることもあるのだ。だから私はワインに合うようにアレンジした料理は嫌いだ。ワインの伝統産地以外の地域の料理、例えば日本料理や中華料理を食べに行った際、ワイン生産者と一緒だったりすると、ワインに合うように料理をアレンジしてくれる親切な料理人がいる。

ありがたい話だが、私は**個人的にはいつも料理人が造っているワインを意識しな**

い料理を食べて、それとワインがどのような出会いをするかに興味がある。

いつもの料理にワインという光をぶつけて、それがどのような反応をするか、ワインのどんな面が引き出されるか、料理のどんな面に新たに気づくかを見たいのだ。

――「どや顔」のマリアージュ――

ワイン産地の地元料理は絶対にそのワインに合うと無邪気に主張する人もいるが、これも何のエビデンスもない。トスカーナ料理には絶対サンジョヴェーゼ、ブルゴーニュ料理には絶対ブルゴーニュのワインといった話だ。

もちろん地元で長年育まれてきた組み合わせなので、「しっくりくる」ことは多いかもしれない。ただ、他の地方の料理、創作料理との組み合わせもそれに劣らないことがあるし、もっと刺激的なこともある。

そもそも地元料理には地元の酒となんとかの一つ覚えのように主張するのであれば、日本でワインを飲む必要もなく、地元の日本酒を飲んでおけばいいではないか。

文化は出会い、衝突、融合により豊かになっていくのである。ワインに合う料理を挙げろというと、日本人の知らないような地元料理を列挙して悦に入っている人がいるが、まさに単細胞の浅薄な姿勢だと思う。

もう一つの誤った姿勢に極端にアクロバティックな組み合わせをして、どや顔で出すという「芸」がある。「一見合わないと思う組み合わせですが、あえてこれを合わせちゃいました」といったような「ひねり技」のお遊びである。

似たようなものを合わせる調和のマリアージュだけでなく、**反発するものを合わせる衝突のマリアージュもしばしば興味深いが、それをあまりワインに興味のない一般客相手にしたり顔で繰り広げるというのは、自己満足のかなり「お寒い」パフォーマンスとなる。**

最近はペアリングと称して、コース料理のそれぞれのお皿にワインを合わせて、グラスでサービスしてくれる店が増えた。これだと何も考えずにソムリエがベストと考えて選んでくれたワインを楽しめる。コースにペアリングして、ワイン5種類で8000円といった感じで、定額で提供されるので、価格的にも安心だし、とてもいいやり方だと思う。

ただ、ワインに集中しすぎて食事の時間を楽しむというよりも、セミナーのようになってしまいがちなのが玉に瑕《きず》ではあるが……。

レストランでの幸せ

レストランに行ったときぐらい、好きなものを食べて、好きなものを飲みたいと思う。ところがなかなかそうもいかないことがある。乗り越えるべき壁がたまにあるからだ。たいていは善意をもったお店のほうである。良かれと思って、色々と薦めてくれるのだが、迷惑であることもある。

私はイタリアでレストランガイドの覆面調査員を10年間やったので、ずいぶん現地のレストランを食べ歩いた。

ガイドブックの場合は「初めて紹介するレストランの場合は代表的なメニューを紹介する」「すでに何回も紹介している場合は、昨年のガイドブックと紹介するメニューが重なり過ぎないようにする」など守らなければならない規則がいくつかあり、常に好きなものを食べるわけにはいかなかった。これは仕事だから仕方ない。

その規則を守りながら、ひたすら食べ歩く中で気づいたのは、**シェフが誇りに**

思っている名物料理を必ずしも私が美味しいと思うとは限らないし、むしろあまり力を入れていない料理のほうに感動することも多いという当たり前の事実である。

やはり私にも好きな食材や料理があるし、その日の気分もある。その日に食べたいと思っているもののほうが、シェフが食べさせたいと思ってくれる料理よりも絶対に満足感と幸せを与えてくれるのである。

また違う気分の日だとシェフのお薦め料理がしっくりくるかもしれない。**しっくりこない日はいくらお薦めでも食べてはいけないのである。**

―間違っていても望むものを―

ワインでも同じことだ。**その日の気分で飲みたいものを飲むのが一番であり、料理と合わなくてもまったく気にする必要はない。**

私は年に何度かフランスに行くが、経験上フランスの2つ星、3つ星のソムリエはやたらとワインを薦めたがる（押しつけたがる？）傾向がある。

私はせっかくの貴重な機会なので、日本では手に入れにくいワイン、前から気になっていたワイン、内外価格差の激しいワイン（日本では高いが、フランスではそれほどでもない）を飲みたいのだが、「それはあなたが選んだ料理に合わない」「こちらのほうがお薦めだ」などと自己主張をしてくる。

昔はノーと言えない日本人になって、助言に従ったりもしていたのだが、後で必ず後悔した。確かに私が選んだ料理にマッチしたワインを薦めてくれているし、それはありがたいのだが、私にはすでに飲みたいワインがあったのだ。そしてどんなに料理に合わなくても、結局そのときに飲みたいと思っているワインが一番なのである。だから20年ぐらい前から**自分が飲みたいワインを見つけたときは一切助言を聞くことを止めた。どんなに料理に合わなくても、自分が飲みたいと思ったワインを飲んでいる。**ただ敵も善意で一生懸命こちらを満足させようしているので、なかなか手強い。少しでも「そうかなぁ」などと迷う姿勢を見せると攻め込んでくる。なので、私は一切妥協する気がないという断固たる姿勢を見せることにしている。「そのワインはあなたの料理に合いません」と言われたら「合わなくても何の問題もありません。私は今そのワインが飲みたいのです」と明確に示すのだ。

相手は「変な奴だ」といった感じで不満そうだが、妥協の余地のない姿勢を最初に見せれば引き下がるしかない。重要なのは言い切ることである。

たとえワインと料理が合ってなくても、私は大満足だ。飲みたいワインを諦めていたら後悔しただろう。もちろん特に興味を引くワインがない場合は、ソムリエの意見を聞いたり、価格で手頃なものを選んだりもしている。しかし飲みたいワインが見つかれば、後悔したくなければ絶対にそれを飲むべきだ。

自分が確信を持って強く望んだものであれば、たとえ間違っていても、多くのことを学ぶだろう。将来に生きてくる過ちである。一方、人の意見に流されて信念なく選んでしまった結果からは何も得ることがない。

―食べたいという気持ち―

料理も同じことで、意味のないしきたりに拘る必要はない。

フランス料理はアラカルトで注文する場合、前菜＋メイン（＋チーズまたはデザート）という場合が多いが、店によっては前菜が非常に魅力的だったり、メインが充実していたりすることがある。その場合は迷わず前菜2皿またはメイン2皿を注文する。「とても魅力的だから」と言えば普通は対応してくれる。前菜2皿の場合は「こちらはメインのタイミングで」と言えば、量を増やしてメイン仕様にしてくれることが多い。イタリアでも「パスタだけでは駄目です」と誤った旅行ガイドに書いてあるが、それは昔の話で、今はまったく問題ない。前菜が美味しいことで有名なピエモンテ地方ではしばしば5～6種類の前菜だけを食べて終わりにすることも多い（これは現地人もそうしている）。

要は**食べたいという気持ちを尊重するほうが、マナーや知識よりも重要なのである**。楽しみに行っているわけなのだから。

京都の懐石割烹の主人が話していたが、カリフォルニアの濃厚な赤ワインが好きな客がいて、いつもとても楽しそうに飲んでいるそうだ。京料理に合うとは思えないが本人が幸せならそれが何よりである。「お客さんが満足してくれはったら、私らはそれでかましまへん」と主人は微笑んでいたが、まさにその通りである。

アペリティフとちょい飲み

若い頃、ちょっと気取ったフランス料理店に行くとテーブルに着席する前にサロンのようなところに案内されて、うやうやしく「アペリティフは何になさいますか？」と尋ねられたものだ。そのような場になれていない若輩はおどおどする場面であった。

頻繁にヨーロッパに行くようになると、アペリティフはそのような仰々しい場ではなく、日本にもあるごく普通の場であることに気づいた。

それは**食事という小さな祝祭空間に入る前の準備体操のようなものであり、仕事などの時間から食事の時間に入る前に一息つく時間なのだ。**

仕事が19時に終わって、夕食が20時半（ヨーロッパ時間の話）からだとすると1時間半余裕がある。一度家に帰ってもいいし、1時間半残業してもいいけれど、仲間と集まって一杯やりながらチャットするというのも楽しい。それがアペリティフである。1時間半あるから喫茶店で友達と話しながら待つというのと同じことだ。

唯一の違いはアルコールが入るので、もう少し寛ぐという点だ。飲むのはビールでも、カクテルでも、シェリーでも、ワインでも何でもいい。気取った場だとシャンパーニュがお似合いだろう。つまむものはナッツ、ポテトチップ、生ハム、カナペなど軽いものだ。なんといってもすぐにディナーが待っているのだから。

最も重要なのは打ち解けて、寛ぐことである。仕事という「公」の時間から食事という「私」の時間へ少しずつ移行していくのがアペリティフなのだから。

日本のアペリティフ

日本のサラリーマンが仕事を終えた後に同僚と居酒屋で一杯ひっかけるという「ちょい飲み」も立派なアペリティフだ。そこでは会社の仕事の話や愚痴も話されるが、事務所で仕事をしているときの「公式見解」や「建前」の話ではなく、胸襟を開いた「本音」の話が行われる。「公」から半歩「私」に歩み寄った時間だ。興が乗ればその後にもう一軒梯子《はしご》をしてだらだらと「夕食のようなもの」に突入することもあるだろうし、「ちょい飲み」だけで切り上げて帰宅するケースもあるだろう。ただ仕事＝公から家庭＝私に一直線に行くのではなく、クールダウンの時間を設けているのである。

日本でもアペリティフの習慣を根付かせようとプロモートをしている人がいるが成功していない。なぜなら**日本には「ちょい飲み」という立派なアペリティフ・タイムがすでに存在しているからである。**ワインの消費を伸ばしたいなら西洋風アペリティフといったなじみのない習慣を導入しようと無理をするよりも、居酒屋でワインが飲めるようにする努力をしたほうがはるかに賢明であろう。

——切り替えのスイッチ——

切り替えの時間ということがアペリティフの精神であるとすれば、何を飲むかはさして重要でないし、どこでどのように飲むかも重要でない。

夕食を用意しながら一杯飲むというのも立派なアペリティフである。煮込みをするのに肉と野菜を切って、炒め、鍋にワインを注いで弱火にした。あとは1時間ほど待つだけだ。メインの煮込みの前に食べる簡単な前菜を一皿つくりたいが、その前にとりあえず一杯やろう。冷蔵庫には白ワインが冷えている。それを抜栓し、グラスに注いで一口飲む。**思わず「フー」と肩の力が抜けて、1日の労苦が報われた気分になる。仕事で積み残した課題は明日考えることにして、食事でもしながらリフレッシュしよう。明日は明日の風が吹くのだから。これもアペリティフだ。**

久しぶりに集まる友人だと積もる話も沢山ある。食事を始める前に近況を話し合って、情報をアップデートして、全員の情報をチューニングしておきたい。だからサロンで1時間ほどワインを飲みながら語り合ってから食卓に移る。これもアペリティフである。

気になるレストランがあると仲間と出かけることがある。フランスのいい店だとサロンでアペリティフをするかを尋ねられることが多い。

私は大抵断る。なぜなら評判がいいそのレストランで食事をしたくて長い距離を車で走ってきたのだ。目的は友人と会うことでもなく（すでに友人とは車の中で十二分に話をしてきた）、楽しい時間を過ごすことでもなく（結局は楽しい時間なのだが）、料理を食べることだ。時間を切り替える必要はない。それどころか心のチャンネルは「今すぐに食べる」というモードに入っている。そんな場合は、アペリティフは無用の長物だ。何事も形ではなく精神が重要なのである。

ワインの飲み頃

ワインのセミナーをすると必ずあるのが「このワインの飲み頃はいつですか？」

という質問だ。これは難しい。完全に好みによるからだ。

ワインの飲み頃が議論される背景には、タンニンが強すぎるワインは若いときは渋くて美味しいと思えない、ワインは熟成させることにより香りが複雑になり魅力を増すし、味わいもよりなめらかになるなどの理由がある。

確かに昔のワインはタンニンが硬くて、若いときは美味しいと思えないワインが多かった。しかし幸い醸造技術が進化して、ブドウのフェノール類が完璧に成熟してから収穫するようになったことにより、若いときは飲めないワインはほとんど姿を消した。そのためボルドーやバローロのように長期熟成能力があるワインであっても、若くして飲んでもそれなりに美味しいのである。だから**どのようなワインが好きかによって飲み頃は決まる。人によって飲み頃は変わってくるのである。**

―熟成による変化―

例えばブルゴーニュの白ワインだったら、リリースされたばかりのときは酸がピチピチとして、ミネラルがまだ刺々《とげとげ》しく、全体的に生き生きとした味わいだ。これはこれで非常に美味しい。

10年ほど熟成させると香りは複雑になり、酸とミネラルが落ち着き、味わいの調和がとれて、しっとりとしてくる。

20年ほど熟成させると蜂蜜や火打石のニュアンスが出て、香りはさらに複雑になるが、この熟成した香りをすべての人が好きなわけではない。若いときに感じられた清らかな果実（青りんごなど）は消えているから、そのようなアロマが好きな人は「若いときのほうが良かった」と思うことだろう。味わいもさらになめらかになり包み込むようなビロードタッチとなる。熟成が進んだワインが好きな人にはたまらないが、そうでない人には受けない味わいかもしれない。

ボルドーの赤ワイン（特に左岸のもの）も昔は若いときはとても渋かったが、今はリリースされてすぐに飲んでも美味しく感じられる。若いときは凝縮した果実と青っぽさを感じさせるタンニンがスパイシーだ。炭火で焼いた肉などと楽しむととても美味しく感じられる。

一流のシャトーの若いボルドーはその雄大さが神々しい。20年ほど熟成させるとタンニンがこなれてくるが、それでもボルドーのタンニンはどこか青っぽさを保つ。それがとてもフレッシュな印象を与えてくれる。香りと味わいは当然複雑になるが、白ワインと比べると変化はとても緩やかだ。

ボルドーの真骨頂は、30年以上熟成させたものだろう。香りも味わいもさらにこなれて複雑になるが、ボルドーの驚くべきところはまったくフレッシュさを失わないところだ。若いときは欠点に思えた青いタンニンが30年のときを経て生きてくる。ミントを感じさせる非常に魅力的な味わいで、若々しさを失わない。

私は30年以上経ったボルドーが好きだが、当然すべての人がそれを好きなわけではない。もっと若々しいボルドーが好きな人も多い。

――それぞれの年齢の魅力――

考えてみれば、人間でも一流の人は若いときも魅力的だし、年をとっても魅力的だ。**「あなたは何歳のときがピークでしたか？」などという質問は失礼だろう。ワインも同じことだ。それぞれの年齢における魅力があるのである。**

可愛い顔をしているけれど、中身が伴わないために、年とともに色あせていくタレントがいるように、ワインも若いときはフルーティーでチャーミングだが、熟成させると「へたってしまう」ワインもある。一方、武骨でとっつきがわるいが、年をとると魅力的に「化ける」個性派俳優のように、若いときは硬いが熟成により魅力を発揮するワインもある。だからどの段階が飲み頃とは言えない。ごつごつした屈強な若いワインに魅力を感じる人もいるのだ。

一つ言えることは筋の良いワインは若いときも、熟成してからも美味しいということだ。『ローマの休日』の初々しいオードリー・ヘップバーンもチャーミングだが、『ティファニーで朝食を』や『シャレード』のエレガントなオードリーも素敵だ。『太陽がいっぱい』のギラギラとしたアラン・ドロンにも惹かれるが、落ち着いてきた『仁義』や『暗殺者のメロディー』の円熟味も渋い。どの時期が「飲み頃」とは言えないのである。

チーズも同じだ。若くてフレッシュな状態で食べるのを好む人がいれば、トロトロに溶けて形がなくなるぐらいに熟れたチーズが好きな人もいる。

パルミジャーノ・レッジャーノのようなハードチーズは熟成期間が長くなれば、当然手間がかかっているので値段も高くなるが、だからより美味しくなるという話ではない。私も個人的にはバランスの良い24カ月熟成のほうが、凝縮しすぎた36カ月熟成よりも好きだ。

飲み頃の好み

ワイナリーを訪問するとよく古いヴィンテージを試飲させてくれる。さすがに50年も経っているとワインは酸化していることが多いが、それでも魅力的だった時代を想起させてくれるものもある。そういうとき、「50年経っていることを考えるとしっかりしている」という発言がよく飛び出す。

確かに完全に酸化していなくて、「ブイブイ言わせていた時代」の残照が残っているのは立派なものである。ただ純粋に消費者から見れば「50年経っているにしてはしっかりしている」というのは意味がない。「50年待ったかいがあった。20年のときよりも、30年のときよりもさらに良くなった。**若いときより複雑になり、魅力的になっている」というので初めて熟成させる意味があるのである。そうでなければ待たずに若い段階で飲んでしまったほうがいい。**

ブルゴーニュのヴォーヌ・ロマネ村にアンヌ・グロという生産者がいる。彼女が造るワインは、アロマが正確で、シャープで、鮮明なので私は大好きだ。年に一度訪れて、試飲させてもらう。彼女のワインは若いときから美味しいのだが、みずみずしさを保持したまま何十年も見事に熟成する。特にリシュブールなどは20年ほど熟成させてこそ真価を発揮するように私には思える。

ただ彼女と話していて驚いたのは、彼女自身は自分のワインは10年ぐらいで飲んでもらったほうがいいと考えていることだ。彼女は若いワインが好きなのである。**偉大な長期熟成能力を持つワインを造っている生産者が、あまり熟成させたワインが好きでないというわけだ。だから飲み頃に関しては本当に人それぞれの好みなのである。**

家飲みのススメ

レストランの華やかな舞台で完璧なサービスを受けながら楽しむワインもいいが、基本的に家で普通にワインを飲むのが好きだ。

ナッツやチーズをつまみながらスパークリングワインか白ワインを飲んで、次に赤ワインを飲む。もちろん白ワインだけで終わる日もある。その日にあったこと、思ったこと、来週の予定など、とりとめのないことを家族と話しながらワインと食事を楽しむ。最もリラックスできる瞬間で、明日への活力が生まれてくる。

よく「日本の食卓にはどのようなワインが合いますか」との質問を受けるが、自分が好きで、そのとき飲みたいと思うワインを飲めばいいだけのことだ。

アペリティフのところで述べたように、**何を飲むかではなく、寛げて、1日の疲れがとれ、明日に立ち向かう意欲が湧いてくるということが大事なのだ。**自分が好きなワインがあれば、さらに力が湧いてくる。たとえ好みのワインでなくても、食事の時間が楽しければそれでいい。

自宅は色々なワインを気兼ねなく試すことができる場でもある。自分で買うワインなので、値段の心配をする必要もない。財布に合ったワインを選べばいいのだ。

仕事柄多くのワインを日中に試飲しなければならないこともあるが、夜にそれを色々と飲み直すのも楽しい。仕事で試飲しているときと違って、寛いでいるから多少欠点があっても許せるし、利害を離れた純粋な好奇心でワインにアプローチできるからウキウキとするのである。

もちろん**ワインに合わせて特別な料理をする必要などはない。普通に食べている**

ものでビールを飲むかわりに、ワインを飲むだけのことだ。足りなければ冷蔵庫からチーズを出してきて、もう少しワインを飲む。

ずいぶん色々な場所でワインを飲んできた。自宅、友人宅、トラットリア、ビストロ、レストラン、料亭、鮨屋、居酒屋、飛行機の中など数えきれない。いつも同じことの繰り返しだ。最初の一口の心地よい緊張感と驚き、徐々にほぐれていく時間、楽しく過ぎていくひととき、心地よく満ち足りた食後の倦怠感。ワインよりも過ごした時間の愛おしさを記憶している。

ワインが主役になった夕べもあったが、意外に記憶に残っていない。やはりワインは私にとっては豊かで幸せな時間を贈ってくれる貴重な脇役なのかもしれない。

第3章

とっておきの
1本

自分の好みを知る

「お薦めのワインを教えてください」とよく尋ねられる。

気持ちはわかるが、正直難しい。「お薦めのレストランを教えてください」も、同じく難しい。ワインや食事はその人の好みによる部分が大きすぎるからである。

ブルゴーニュのような繊細で優美なワインが好きな人に、濃厚なカリフォルニアワインを薦めても的外れだし、薄味が好みの人にパンチの利いた料理を出すレストランを薦めても喜ばれないだろう。

だから「今まで気に入ったワインはありますか？」「好きなレストランはありますか？」と尋ね返すことにしている。ワインやレストランを薦めるには、相手の好みを知ることが何より重要だからだ。

同じ理屈で**好みのワインを見つけたいなら、まず自分の好みを知らなければならない。**最初はやはりいくつか試してみる必要があるが、好みを知るためにそれほど高いワインを飲む必要はないだろう。ヴァイオリンを始めるのにストラディバリウスである必要はないのだ。むしろ安めのワインでできるだけさまざまなタイプのワインを飲んでみたほうがいい。今はスーパーでもコンビニでも、ワインが簡単に手に入る。インターネット販売も便利である。

「軽めでフレッシュ」「濃厚な果実味」「爽やかな飲み口」など説明がついているので、色々試してみて自分が気に入ったものがあれば、しばらくはそのタイプを試してみることがお薦めだ。

——一番簡単なワインの選び方——

一番簡単なのは品種で選ぶことだ。

先に述べたように、ラベルに品種名が書かれているワインは新興産地（主にニューワールド）のものが多い。品種をラベルに表記しているかぎり、消費者がその品種に期待する香りと味わいを持っている。そうでなければ買った人が失望するからである。

ソーヴィニヨン・ブランのアロマに惹かれたら、色々な産地のソーヴィニヨン・

ブランを飲んでみるといいだろう。しばらくソーヴィニヨン・ブランに浸ると、ブラインドで出されてもこのワインはソーヴィニヨン・ブランだとわかるようになる。

そうしたら次はソーヴィニヨン・ブランを使っているが、ラベルには品種名が書かれていないワイン（フランスのサンセールやボルドーの白ワイン）を飲んでみると、今まで飲んできたソーヴィニヨン・ブランとは少し異なるニュアンスを感じるかもしれない。それは産地の特徴である。

ヨーロッパ的考え方によるとサンセールやボルドーといった産地の特徴がソーヴィニヨン・ブランという品種の特徴よりも重要なので、同じソーヴィニヨン・ブランでもサンセールとボルドーはかなり異なる味わいとなる。

サンセールが気に入ったら、ロワール川対岸で造られるプイィ・フュメを試してもいい。同じソーヴィニヨン・ブラン１００％でも、サンセールのほうがシャープで、プイィ・フュメのほうがややわらかい味わいに思えるだろう。テロワールがワインに与える影響である。ロワール地方のワインとフィーリングが合うように思えたら、この地方の赤ワインを試してみてもいいかもしれない。

要は気の赴くままに色々試してみることが重要なのである。

―「ビビビッ」を大切に―

服を買うのに、体系的に学習してから購入する人はいないであろう。ウィンドーやショップで見て「ビビビッときて」気に入ったら、それを購入する。

この**「ビビビッとくる」という直感を大切にしたほうがいい。**人生でも大切なことは実は「ビビビッ」で決めていることが多い。

一目惚れなどはその典型的な例だ。直感はどんどん磨かれていく。最初は直感が当たらないことがあるかもしれないが、失敗を繰り返すうちに確実に進歩する。

外観も大事である。よく「見た目に惑わされないで、本質を捉えなさい」と説教されるが、**見た目と本質が深く結びついていることのほうが多い。ワインで言えばラベルである。**

ラベルには法律で記載が義務づけられているワインについて必要な情報が書かれているが、そのデザイン、色、形などは生産者に任されている。**だからラベルを見れば生産者のセンス、どんなワインを造りたいのかを見て取ることができる。**

モダンなデザインで明るい色を使って洒落たラベルなら、生産者は現代的感覚の持ち主で、ワインは近代的スタイルで、果実がクリーンで、垢抜けした味わいである可能性が高いと推測できる。ボルドーやピエモンテによくある、超伝統的で19世紀からほとんど変わっていないと思われるラベルなら、生産者は伝統主義者で、昔ながらの醸造法に拘っている可能性が高く、ワインも華やかな果実味が表に出るというよりは、やや地味だが味わい深い通好みのものが多いだろう。

人間の外観がその人の価値観や生き方を語る（語ってしまう）ように、ラベルもワインのスタイルを語っているのである。

プロ野球史上最も記憶に残っている選手である長嶋茂雄のバッティング理論は「スーッと来た球をガーンと打つ」「カーブはグッと力を溜めて曲がったときにスポーンと打つ」という直感的なものだった。それで彼はどんな理論派よりも記憶に残る名勝負を演じてきた。磨かれた直感は理論に勝るのである。

――好みを見抜く――

レストランガイドの覆面調査員を10年もして、同じ地方のレストランを何軒もめぐり続けていると、外観を見ただけでだいたいどのような料理を提供しているかがわかるようになる。

温かさを感じさせる木の扉で、テーブルと椅子も木で、レンガの壁と天井は時代を感じさせるが、丁寧に清掃され清潔感があり、暖炉には火がくべられている、といったような店なら素朴だが素晴らしい地元料理を出してくれるだろう。

モダンなガラスの扉で、室内は白で統一され、光が満ち溢れて明るく、余分な内装はなく、現代美術の絵が2枚だけ飾られている、といったような店なら洗練された現代料理が楽しめるだろう。

外観と直感で店を判断する技を磨いておくと、知らない土地で下準備なく食事をすることになってもまず外さない。難しいことのように思えるかもしれないが、私たちが生きていく中でごく普通にやっていることである。

子供の頃から多くの人に会い、失敗を重ねながら、人を見抜く力をつける。だから初対面の人でも「感じのいい人だな」とか「どこかいけ好かない人だな」などと判断する力がついているのである。その人の外観、服装、話し方、目の動き、声のトーンなどから本質を見抜く力を身に着けているのである。

そして**その判断は自分の好みや価値基準に合っているか、合っていないかに従っ**

て行われる。私にとって「感じのいい人」でも、Ａさんにとっては「感じの悪い人」である可能性があるし、私にとって「いけ好かない奴」でもＡさんにとっては「素敵な人」かもしれないのである。ワインも同じで私が涙を流すほど感動するワインでも、Ａさんにとっては単に薄いだけのワインかもしれない。人それぞれ好みが異なるから、社会はうまく機能しているのだ。

大切なことは、経験を積んで自分の好みに合ったものを見抜く力をつけることである。それはあなたにしかできないのだから。

教養を捨てよ、グラスを持とう

誰でも面倒くさいことは嫌いだ。ましてワインはオフのタイムを豊かにしてくれるもので、キャリアアップのための道具ではない。そんなワインを知るのに面倒なことはしたくない。時間もかけたくない。ざっくりと簡単に知りたい。当然の願いである。

そのために『5分でわかるワイン』『100本でわかるシャンパーニュ』といったたぐいの本が続々と出版される。ワインを飲み始める人にとってこれらの本はとても役に立つだろう。ただ、言うまでもないことだが、やはり簡単にわかることは、簡単なことだけである。複雑な多様性は5分ではわからない。

「ワイン」を「人生」に置き換えてみれば明白だ。『5分でわかる人生』『100冊読めば幸せな生き方がわかる』という本があれば、人はそれを信じるだろうか。ただまったく心配する必要はない。**ワインを楽しむのにワインを「わかる」必要はない。幸せになるのに人生を「わかる」必要がないのと同じである。**

幸せな人生を送りたいと思って、まず「人生とは何か」を学ぶために哲学書を開ける人は少ないだろう。人生を楽しむには、とりあえず「街に出て」実人生を生きることである。ワインも同じだ。

「わかろう」とするよりも自分が気に入りそうなワインをとりあえず飲んでみることだ。人生と同じで失敗もあるだろう。それこそが次に失敗しない「勘」を養ってくれる。

単に美味しいワインを楽しみたいというのであれば、いきなり高いワインから始めるのは賢明ではないだろう。ワインの味わいは本当に多様なので、とりあえず低価格のワインを試してみて、自分の好みに合ったものをいくつか選んでみることが重要だ。ワインはあくまで嗜好品であり、ガイドブックや雑誌で評価が高くても、自分の好みに合うとは限らない。だから**自分が美味しいと思えるワインに出会ったら、それに似たものをいくつも試してみることだ**。ブルゴーニュのワインが気に入れば、しばらくは他の産地に目もくれず、ブルゴーニュだけを飲めばいいだろう。ボルドーがいいと思えば、しばらくはボルドーだけを飲めばいい。

そしてもう少し上のクラスを試してみたいと思ったら、少し価格帯を上げてみればいいのだ。価格帯を上げても、それに相応しい値打ちが見出せなければ元の価格帯に戻るべきだ。今はその価格帯があなたの心に響くワインなのだから。

同じタイプのワインを飲み続けていると自分の中に味覚の基軸ができあがってくる。そうするとそれが試金石になってくれるので、他の産地のワインを飲んだときにも特徴が捉えやすくなるのだ。

これはレストランでも同じことだろう。自分が気に入った鮨屋ができたら、しばらくはそこに通い続けることだ。そうすれば鮨とはこういうものという自分なりの基準ができる。他の鮨屋に行っても違いがすぐわかり、それぞれの店の特徴を捉えたり、位置づけをしやすくなるのだ。今の世の中は魅力的なワインやレストランに満ちているので、どうしても**色々試してみたいという誘惑にかられるが、軸ができる前にさまざまなつまみ食いをしても、結局は浅薄な理解しかできない恐れがある。**

一つの産地や一つのタイプのワインを飲み続けていると少し飽きてくるかもしれない。そうすれば他の国、他の産地のワインを試してみて、自分にしっくりくるワインを見つけて、それに移行し、しばらくは飲み続ければいいのである。

ワインがあまりに多様なので、全てを制覇しなければならないという強迫観念にとりつかれ、順番に有名なワインを飲んでいく人がいるが、**その瞬間に自分の味覚に合うワインを深く掘り下げるほうが有意義だと私は思う。**

演目と演奏者

品種とテロワールは音楽の楽譜や、歌舞伎やオペラの演目のようなものだ。それはすでに存在していて、変更することはできないが、演奏家や役者や歌手が新たに息を吹き込むことはできる。

ワインの場合は、品種とテロワールに息を吹き込むのは生産者や醸造家だ。生産者や醸造家は品種やテロワールの特徴を歪めることはすべきではないが、醸造において自らの感性を吹き込める。だから同じモンラッシェでも生産者によって異なるスタイルとなるのだ。

モーツァルトの『交響曲第40番』、ベートーヴェンの『交響曲第3番』、『5番』『7番』『9番』、歌舞伎の『仮名手本忠臣蔵』、オペラで言えば『フィガロの結婚』や『椿姫』のように誰が演奏しても、演じても確実に成功する鉄板曲目や演目は、ワイン畑ではブルゴーニュのモンラッシェやグラン・エシェゾー、ピエモンテのカンヌービということになる。

これらの演目や畑はあまりに優れているので、演じるもの、醸造するものが一流でなくても外すことは少ない。**演目や畑が二流になると、演じるものや醸造するものの腕が必要になってくる。**二流の畑のブドウを二流の生産者が造ると、退屈なワインができる。ただ、二流のオペラでもマリア・カラスが歌えば聴きに行く価値があったように、二流の畑でもフランソワ・コシュ・デュリが醸造すれば飲む価値があると感じるのだ。

極端な場合は好きな役者や歌手が出ていれば、演目は何でもいいということもありうる。私はアルトゥーロ・ベネデッティ・ミケランジェリならどんな演目でも聴きに行った。ワインもアンリ・ジャイエなら畑はなんでもいいという人がいるのである。

――品種か産地か生産者か――

オペラや歌舞伎に役者、歌手と演目の相性があるように、畑と生産者の感受性にも相性のいい悪いがある。


ジャック・フレデリック・ミュニエという生産者が私は大好きだが、彼の繊細極まりないスタイルは上品なシャンボール・ミュジニーのテロワールでこそ生きるのであって、雄大なワインができるコルトンの畑は合わないような気がする（実際、造っていない）。

『オテロ』などのドラマティックな役柄を演じさせたら右に出る者のいないマ

リオ・デル・モナコだが、『ラ・ボエーム』のロドルフォは似合わない気がする。雄々しいデル・モナコに情けない夢見るボヘミアンは似合わないのである。

ワインもどちらのアプローチでも構わない。**ある品種や産地が好きになれば、その品種や産地で色々な生産者を試してみてもいいし、ある生産者のスタイルが好きになればその生産者が造る色々な畑のワインを試してみればいい。**興味を持って楽しむことができれば、切り口はどうでもいいのである。

最後につけ加えると、オペラや歌舞伎をどの劇場で観るかも非常に重要であり、個人的にはスカラ座や南座だと興奮する。同じくワインにもそれに相応しい舞台(幸せな食卓やレストラン)があれば、最高だと思う。

好みは時とともに変化する

子供の頃に「好き嫌いを言っては駄目です」と叱られたものだ。

確かにすべての食材を満遍なく食べることは栄養学的には大切だ。ただ、**ワイン**

に関しては大いに好き嫌いを言ってほしいと思う。所詮ワインは嗜好品であり、自分が気に入ったものが一番なのだ。

たとえそれが絶賛されているワインであったとしても、お金を払って（場合によっては高く払って）好きでもないワインを無理して飲む理由はどこにもない。

来日した生産者を囲む夕食の機会に、テーブルを回って「今日飲んだ5種類のワインの中でどれが気に入りましたか？」と尋ねると、見事に好みがわかれる。一つのワインに人気が集中することはまずない。まさに正解はないのだ。

多くの人は魅力的なワインに出会い、それが気に入り、ワインを飲み始める。それがボルドーの場合もあるし、ブルゴーニュの場合もあるだろう。味覚と好みはそれぞれである。

優美な酸が好きな人はブルゴーニュの白ワインやシャンパーニュに魅せられるだろうし、パワフルで濃厚な果実味が好きな人はカリフォルニアワインを好むかもしれない。やや甘味の残るドイツワインが好きな人もいるかもしれない。それぞれの好みなのである。

そして好みは時とともに大きく変化するものだ。ボルドーの青いタンニンが苦手だった人もいずれはそれが熟成により優美でフレッシュな味わいとなることを知り、それが好きになったりする。ブルゴーニュの赤ワインは「ガツンとこない」から頼りないと思っていた人も、その繊細で洗練された味わいに魅せられていくだろう。バローロは酸っぱくて、渋いだけと嫌っていた人も、その高貴なアロマに惹かれるようになるかもしれない。

ワインを飲んでいく中で好みは変わっていくのだ。大切なことは自然に好みが変わるまで無理をしないことである。

ボルドーのタンニンが苦手だと思えば、いくら著名なワインであっても、今のあなたの心には響かない。そんなことにお金を使うのは無駄である。今気に入っているワインを飲んで、しばらくボルドーは忘れればいいだろう。

そのうちに味覚が変わり、ボルドーが好ましいと思える日がくるかもしれない。そうすれば一気に気になっていたボルドーに挑戦すればいい。ひょっとしたら一生ボルドーを好きにならないかもしれないが、それはそれで何の問題もないはずだ。嫌いで食べられない食材があっても、別に人生が貧しくなるわけではない。

そのときに心に訴えかけてこないものを無理に好きになろうとしても生産的でな

いのである。それは音楽や、小説や、絵画でも同じだろう。若い頃に読んだときはまったく心に響かなかった小説をふと読み直してみると深く感動することがある。自分の心の琴線に触れるものが変わったのである。音楽でも若いときにはまったく理解できなかった曲を久しぶりに聴くととても心に沁みたということもあるだろう。遠回りのように見えても、向こうから語りかけてくるのを待てばいいのだ。

好き嫌いのすすめ

名高いワインだからといって、すべての人がそれを好きになるわけではない。人にはそれぞれ好みがある。ロマネ・コンティが好きだからといって、シャトー・ラフィット・ロートシルトが好きとは限らないし、ひょっとしたらハーラン・レッドワインは嫌いかもしれない。

モーツァルトは好きでも、ベートーヴェンは嫌いという人もいて当然なのだ。そして好き嫌いにはほとんどの場合、理由がない。

私はイタリア映画が好きだが、特に惹かれる監督はルキノ・ヴィスコンティとミケランジェロ・アントニオーニだ。一方、フェデリコ・フェリーニの作品はすべて観たし（『甘い生活』は大好きで、何度も観た）、偉大な才能を持った巨匠であると思うが、ヴィスコンティやアントニオーニほど私には訴えかけてこない。理由ははっきりしないが、フィーリングの問題だろう。

誰しも好きな小説家や音楽家があると思うが、多くの人はその理由を追求したこともないだろう。ザ・ビートルズよりザ・ローリング・ストーンズが好きとか、三島由紀夫より川端康成が好きというのは好みの問題であるし、その好みこそが大切なのだ。文学研究者でもない限り、フィーリングが合わない作家の作品を無理して読む必要はない。好みの作家の作品を楽しめばいいのである。

料理でも同じで、3つ星レストランで絶賛されていても、私にはまったく魅力が感じられない店も数多くあるし、無名な店でも感動することもある。

ワインにおいても好き嫌いこそが重要だ。「ブルゴーニュの魅力がまだよくわからないのです」とか「バローロが好きになれません」などと悩んでる人がいるが、**ブルゴーニュやバローロが気に入らなければ飲む必要はないのである。その瞬間に**

自分のフィーリングに合うワインを飲めばいいのだ。

もちろん人の好みは変化するし、ボルドーばかり飲んでいた人が、突然ブルゴーニュが好きになることもあるだろう。そうしたら今度はブルゴーニュばかり飲めばいいだけのことである。

「これは良いワインなのですか？」という質問を受けることがあるが、「良いワインか良くないワインか」よりも「あなたが好きか、嫌いか」が重要なのである。

ワインの〝合コン〟

合コンでは、男女がだいたい同じ人数で集まる。1対1で会うときと比べて、合コンには二つの長所がある。

一つは他の人と比較できることである。1対1だとその人だけで判断する必要があるが、合コンでは他の男性・女性と比べて、その魅力や個性を判断できる。

もう一つは相手の集団の中での役回りがわかることである。友人に慕われているのか、リーダー的人物なのか、損な役割を引き受けがちな人なのかなどがグループの中にいる彼・彼女を観察することで理解できるのである。

ワインも同じだ。1本だけを飲むときは当然それだけで好き嫌いなどを判断する。一方でワイン会という飲み会があり、そこではテーマを決めて何本かワインを飲む。今日はボルドーの2015ヴィンテージ7本とか、今日はシチリアのネーロ・ダヴォラばかり8本といった具合である。一人でワインを何本も飲むことは難しいが、十人集まれば8種類ぐらいのワインを割り勘で試飲することは可能だ。

ワイン会はワインの合コンである。長所はワインを比較できることだ。同じ畑の同じヴィンテージのワインを集めて飲むと生産者のスタイルや醸造の優劣を比較することができる。

同じシャルドネで造られた白ワインで、ブルゴーニュ、イタリア、カリフォルニア、チリ、南アフリカのものを試飲するとそれぞれの産地の個性を把握しやすい。

一人の生産者（例えばアルマン・ルソー）が造る一つの村（例えばブルゴーニュのジュヴレ・シャンベルタン村）の異なる畑のワインを並べると、その村の中におけるそれぞれの畑の位置づけ（優美な畑、力強い畑、フレッシュな畑、果実味の強い畑など）が見えてくる。**比較すると本質が見えやすいのだ。**

そんな難しいテーマを決めなくてもまったく問題はない。友人六人で集まるなら、1本2000円と決めて、それぞれがスーパーやコンビニに行って興味を引かれたワインを買って持ち寄って、飲んでみればいいのだ。

そうすれば自分が白ワインと赤ワインのどちらが好きかから始まって、フレッシュなスタイルとフルーティーなスタイルのどちらが好きか、タンニンが強いワインは好みか苦手かなどが見えてくる。

そんなことを**何回か繰り返していると自分の好みを把握することができるようになるだろう。**合コンを何回も繰り返していれば、自分の好みが見えるだけでなく、好みの異性に出会うことができるかもしれないのと同じである。

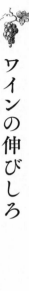

ワインの伸びしろ

私は10年間ワインガイドブックのテイスターをしていたので、毎年リリースされる前の若いワインを何千種類と試飲した。

若い段階のワインの真価を判断するのはとても難しい。原石を見てどんな宝石になるかを判断するようなものだ。幼稚園の子供たちを見て、それぞれが将来どんな人間になるかを想像するようなものだ。

若いワインを判断するときに**いつも思い浮かぶのは高校野球の球児たちである。甲子園で活躍する選手が必ずしも将来プロ野球で一流選手になるとは限らない。むしろなれない場合のほうが多い気がする。その選手の潜在力や伸びしろによるのである。**

甲子園に出た段階で完成してしまっている投手は伸びないことが多い。高校生なのに変に投球がうまくて、変化球で打者を翻弄する「技巧派」はそれ以上伸びないことが多い。

一方、速球は速いが粗削りで安定しない投手は意外とプロになったら伸びる可能性が高い。変化球は後からでも学べるが、直球は簡単に速くはならないのである。

だから極端に**若いワインを判断するときは、「今どうか」ではなく「将来どれだけ伸びしろがあるか」を判断する必要がある。**

濃厚なスタイルのワインは若いときには畑による優劣が見えにくく、劣る畑のワインのほうが最上級の畑のワインよりも美味しく感じられることがある。

思い浮かべるのはブルゴーニュのデュガ・ピィとピエモンテのロベルト・ヴォエルツィオだ。彼らのトップクラスのワインは凝縮感があり、若いときから美味しく飲むことはできるのだが、その複雑さや品格は読み取りにくい。それに比べてベースのワインは若いときから魅力満開だ。

もちろん5〜10年経つとトップワインが真価を発揮し始める一方、ベースのワインは徐々に衰えていく。だからトップワインのほうがはるかに高い値段がついている。ただ**今すぐに飲みたいのであれば、高いワインを買うよりも、安いベースを買ったほうがいい。現段階では同じぐらいの満足が得られるので、お買い得である。**長期熟成能力の高いワインは価格が高いが、真価を発揮するまで熟成させる覚悟がないのであれば、高いお金を払う必要はないのである。

―熟成をめぐる矛盾―

これに関して、世界中で見られる矛盾した現象がある。**長期熟成させないと意味**

がないワインをちゃんと熟成させて飲むことが不可能になりつつあるのだ。

世界的に名声が高いのに生産量が少ない生産者のワインは当然手に入れにくい。一流の生産者ほど「自分のワインは一流レストランで飲んでほしい」「一流レストランこそ私のワインに相応しい舞台だ」と考えて、ワインのほとんどをレストランに売ってしまうから、一般消費者がワインショップで購入することは至難の業だ。必然レストランで飲むしかない。一流レストランに行けば確かに飲むことはできるのだが、若いヴィンテージしかないのである。

昔はレストランがこれらのワインをしっかりと熟成させて飲み頃になってからリストに載せていたものだが、今はそのような余裕のあるレストランはなくなった。だからまだ飲むには早すぎるワインがオンリストされている。もちろん若くして飲んでも美味しいのだが、まだ本来の実力の30％ぐらいしか発揮していない。ただこれらのワインはレストランでもすぐに売り切れてしまうので、若すぎるとわかっていても飲むしかないのである。次に来たときにはもう売り切れている可能性が高いのだ。

だから本来20年ほど熟成させたほうがいいと思われるフランソワ・ラヴノーの

シャブリやコシュ・デュリのムルソーはほとんどが5年以内に飲まれてしまっている。**せっかく苦労して造ったワインのほとんどが真価を発揮する前に飲まれてしまうという悲しい状況ではあるが、資本主義のメカニズムの中では致し方のないことなのだろう。**

非の打ちどころの"ある"ワイン

品行方正で非の打ちどころのない人よりも、多少欠点があっても興味深い個性を持つ人に惹かれることがあるが、ワインも同じだ。「完璧でなくてもいい、私を魅了してくれれば」ということが起こりうる。

歌手も同じだ。技術的に完璧な歌手は多くいるが、その人たちが必ず売れるかというとそうでもない。むしろうますぎる歌手は売れないことが多い。

一方、お世辞にも歌がうまいと言えなくても、どこか味のある歌い方をする人がいる。やはりそのような歌手は売れている。歌は下手でも心にしみるのだ。

歌もワインも完璧であるかどうかよりも、心に訴えかけるかどうかが問題なのである。

―満月と十六夜―

かつて、ブドウの収穫時期を決める重要な指標は糖度だった。糖度はワインになったときのアルコール度数を決める。昔はアルコール度数が十分にあることが良いワインの証とされたので、必要な糖度＝ワインのアルコール度数に到達した段階でブドウを収穫していた。今はアルコール度数よりもブドウに含まれるポリフェノールの成熟が重視されるようになった。

ポリフェノールは種子や果皮に含まれワインの骨格を造り、渋みの原因ともなるタンニンや、色素となるアントシアニンなどの総称である。フランス人は喫煙率が高く、脂っこい食事をしているのに心臓疾患の発生率が少ないというフレンチパラドックスは、赤ワインに含まれるポリフェノールのおかげであるとされている。

ポリフェノールが十分に成熟していないと、青っぽさを感じさせる渋いワインとなる。実際アルコール度数を指標に収穫時期を決めていた昔のワインは今と比べるとタンニンが攻撃的で、渋くて、熟成させないと飲めないものが多かった。

ポリフェノールが完璧に成熟したブドウから造られるワインはタンニンがまろやかで、甘味さえ感じさせ、刺々しいところがまったくなく、ビロードのような口当たりである。だから生産者はポリフェノールを完璧に成熟させるための栽培に力を入れている。

私の個人的好みだが、ポリフェノールが完璧に成熟したブドウで造られたワインには、どこか退屈な印象を覚えてしまう。すべてが完璧で一点の曇りもない印象のワインには惹かれないのである。ポリフェノールの成熟が100%ではなく、95%ぐらいのブドウで造られたワイン（1970年代の良いヴィンテージのワインは大抵これぐらいだった）のほうが好きだ。**心地よい青っぽさがあるが、まだそれほど攻撃的ではなく、生き生きとしたニュアンスをワインに与えていて、好ましく思えるし、より陰影があるような気がするのだ。**

イタリアのピエモンテの1995ヴィンテージは9月初めまで雨が降り続き、冷涼な夏だったが、その後10月までずっと日照に恵まれた晩熟のヴィンテージだった。1995のワインはポリフェノールの成熟が完璧ではなく、まさに私が好む95%ぐらいだ。25年経った今でも一流生産者によるバローロやバルバレスコの1995はみずみずしく、素晴らしい状態だ。

このことをバローロにもバルバレスコにも畑を持つアンジェロ・ガヤにぶつけてみたことがある。

「言っていることはよくわかる。私も個人的には1995のヴィンテージは好きだ。ただ、ちょっとでも渋みを感じさせるとアメリカ市場では難しい」というのが彼の答えだった。アメリカ人は曇りなき完璧なワインが好きなのだろう。

私は満月よりも十六夜に惹かれる人間なのかもしれない。ただどちらにしても自分が惹かれるワインが最高のワインである。

ヴィンテージの「つまみ食い」

ワインはヴィンテージによって香り、味わい、特徴が大きく異なる。

冷涼な年は酸が強いフレッシュなワインになるし、暑いヴィンテージは凝縮した

果実味を持つ力強いワインが生まれる。その年の気候によってかなり違うワインになるのである。

ヴィンテージは優劣で論じられることが多い。「1982は太陽に恵まれた偉大なヴィンテージ」とか「2014は雨ばかり降っていたバッドヴィンテージ」といった評価だ。

実際ヴィンテージチャートもあり、それぞれのヴィンテージに点数をつけている。点数が高いヴィンテージは「良いヴィンテージ」で、点数が低いと「悪いヴィンテージ」となるのだ。

どうせ飲むなら良いヴィンテージのものをということで、偉大とされるヴィンテージに人気が殺到して、悪いとされるヴィンテージのものは売れ残る。

生産者のセミナーでもよくヴィンテージに関する質問が出る。「あなたにとって最高のヴィンテージはどれですか?」「2020はどんなヴィンテージでしたか?」といった具合だ。

ある生産者のコメントが印象に残っている。

「私にとってすべてのヴィンテージは自分の子供のようなものです。それぞれ特徴の違いはありますが、優劣はありません。すべて好きです」

十人子供がいれば、背の高い子供もいれば、背が低い子供もいる。勤勉な子供もいれば、怠け者の子供もいる。おしゃべりな子供もいれば、無口な子供もいる。それぞれ個性が異なるだけで、どの子が優れていて、どの子が劣るかとは言えない。どれも可愛い私の子供たち、というわけだ。

優劣を論じるのではなく、それぞれのヴィンテージの特徴を愛でて、それを生かした飲み方をしてほしいというのがこの生産者の意見だった。

赤ワインなら濃厚なヴィンテージは若いときは頑強すぎるので、少し熟成させて、タンニンなどがこなれてから飲み、その雄大さを楽しみたい。

やや弱いとされるヴィンテージは濃厚なヴィンテージにはない可憐で繊細な果実味が感じられることが多い。そのようなニュアンスは若い段階から楽しめることが多いので、早く飲める。

白ワインなら冷涼なヴィンテージはシャープな酸がこなれるまで熟成させてから楽しみたいし、暑いヴィンテージは若い段階から豊潤な果実味を楽しんでもいいだろう。

同じ畑のブドウで、同じ生産者が造ったワインでも、ヴィンテージによって表情が異なるのだ。その優劣を論じるのではなく、その違いを楽しんでほしいということだ。

私も好きなワインは毎ヴィンテージ試飲するようにしている。**それぞれのヴィンテージの違いの奥に、徐々にそのワインの本質のようなものが見えてくる気がしてとても楽しい。**

良いヴィンテージだけを飲んで、そのワインをわかったような気になるのは、代表作だけで画家や作家を判断するようなものだろう。

「ゲルニカ」と「アビニヨンの娘たち」は傑作だが、それだけでピカソを理解できたと思うのは間違いだ。青の時代も、新古典主義の時代もピカソという芸術家の貴重な一面を見せてくれるし、若いときの習作にも興味を引かれることもある。

良いヴィンテージだけを「つまみ食い」するのは、ちょうど歌手の代表的ヒット曲だけを聴くようなものだ。別に責められることではないし、とりあえず歌手を知りたければ代表作を知ればいい。

ただ、その歌手が本当に好きになって、コンサートに行くとヒット曲だけが歌われるわけではない。あまり知られていない曲も含まれているだろう。それは歌手が今伝えたいと思っているものなのだ。その歌手を深く知ろうと思えば、すべての曲を受け止めたほうがいいのである。

あるワインが好きになったら、さまざまなヴィンテージとつき合ってみることをお薦めする。

――鮨屋の勘定――

ボルドーのワインはヴィンテージによって価格が変動する。偉大なヴィンテージだと高くしても売れるので価格を吊り上げ、評価が低いヴィンテージだと価格を下げて売り切るというやり方だ。

ブルゴーニュの生産者は、基本的にそのような価格調整はしない。近年は毎年少しずつ価格が上がっているが、それはヴィンテージの優劣とは関係ない。

ボルドーは需要と供給が価格を決めるという市場原則に従っているのに対して、ブルゴーニュは職人的アプローチで価格を設定している。

「私はこのワインを造るのにこれだけのコストをかけました。今後もワイナリーを続けていくために必要な適正利潤をそれに上乗せした価格はこれです。偉大なヴィンテージでも、悪いヴィンテージでもコストはそれほど変わりません。だからヴィンテージによって価格は変えません。それでよければ買ってください。いやなら結構です」という姿勢だ。もちろん人気が高く、どのヴィンテージでも値下げせずに売り切る自信があるからできることだ。

ブルゴーニュの生産者は長年ワインを買い続けている個人顧客を多く抱えていて、顧客は毎年ワインを引き取りにワイナリーを訪れ、そこで新しいヴィンテージのワインを試飲して、翌年引き取るワインの注文をして帰る。生産者が無名だった時代からの顧客は、生産者が有名になった今でも驚くほど安い価格でワインを買い続けることができる。

ただ顧客であるためには毎年ワインを買い続ける必要がある。「このヴィンテージは気に入らないので、パスします」なんてことをすると、顧客リストから外れてしまい、二度と戻れない。長年、継続的におつき合いすることが前提なのである。

ヴィンテージの優劣による価格変動はないので、霜害や雹《ひょう》に襲われて生産量が減った年は生産者の儲けは少なくなるし、生産量が十分あった年は儲けが大きくなる。それらを平均して価格を決めているのである。

鮨屋の勘定も似たようなものだと聞く。魚の価格は天候などにより、かなり激しく上下する。絶対に欠かすことのできないネタ（江戸前鮨のこはだや鮪）は、赤字覚悟でも買わざるをえない。

鮪1貫5000円になる日もあるが、べらぼうに高い価格は請求できないので、その日は赤字を受け入れて、鮪の価格が下がった日にその分を取り返す。

長い目で見れば、適正な利益を上げているし、顧客もいつも1万円払っていたのが突然3万円に跳ね上がるという目に合わなくて済む。

馴染みの鮨屋に行くとだいたいいつも同じような会計だが、鮨屋がまったく儲からない（下手すると損している）日もあれば、かなり儲かる日もあるのだろう。ただ顧客はそんな野暮なことは尋ねないし、信頼して通い続ける。

ブルゴーニュの顧客も「今年は生産量が多かったそうだから、価格を下げてくださいよ」などと野暮なことは言わないし、生産者も「今年は収穫量が少なかったから、価格を3倍にします」なんてことは言わない。

双方に信頼関係があるから成り立つあうんの呼吸である。これが職人的アプローチによる価格設定である。

市場と職人

ボルドーとブルゴーニュの価格について述べたが、これは**ワイン造りの根本的アプローチの違いでもある。**

イギリスとの縁が深いボルドーではアングロサクソン型資本主義の考え方が強い。それによれば価格は市場の需要と供給が決める。ワインは生産量が限られているので、需要が多ければ価格は高騰するし、需要が少なければ価格は下がる。

ボルドーの有名なシャトーのワインの価格はこの30年ほどで10倍近く高騰したが、ワインを造るコストが10倍になったわけではない。ざっくり言えば需要が10倍になったのだ。

需要が増えれば価格が高くなるのは当然で、販売価格を上げることにまったくためらいはない。それが市場の原理であるからだ。株式市場と同じで、需要と供給が価格を決めるから、消費者が高すぎて買わないと思うところまで、価格は上昇を続ける。

ボルドーがすべてそうだとは言わないが、アングロサクソン型資本主義的ワイン造りは市場が要求するワインを提供することを重視する。

市場が濃厚な果実味を持ったワインを望むならできる限りそれを提供するのは商品を売る者にとって当然のことだ。市場が早く飲めるワインを求めているならそれを提供する努力をしましょうというわけだ。

市場が求めているものを知るために欠かせないのは市場リサーチだ。高い技術力で市場が求めているワインを造り、それをオファーすることができれば、高い価格で売ることができるし、利潤も増え、経営者として優秀ということになる。車、家電などあらゆる商品の製造業で普通に行われていることである。

ところが**職人はそのようなアプローチはしない。いい意味で市場の声に耳を傾けない。**

「私が両親から受け継いだ畑では非常にデリケートなワインができます。パワフルなワインは生まれません。アメリカ市場がパワフルなワインを求めても、私はそれを提供する気はありません。私が造るデリケートなワインが好きなら買ってください。嫌なら結構です」というアプローチだ。

これは規模が小さく、品質が高い職人的生産者だけに許される。シャンパーニュでもRMと言われる職人的生産者はこのアプローチができるが、何百万本を生産する大きなメゾンは市場＝消費者の声に耳を傾けないと倒産してしまう。日本だと、高品質の伝統工芸品生産者はこのような姿勢をとれるだろう。漆器でも、陶器でも、品質が高ければ、それを求める愛好家だけで売り切れてしまう。しかもこのような生産者の顧客は、市場＝消費者に媚びずに、自分の姿勢を貫く生産者の信念に惹かれ、その作品（orワイン）を求めているので、市場の要求に合わせると一気に魅力を失ってしまう。

市場の声に耳を傾ける生産者が造るワインはストライクゾーンの真ん中に投げ込んでくる絶好球のようなものだ。多くの消費者を満足させる可能性が高い。ただ万人受けするものの常として際立った個性を求める人には物足りないかもしれない。

職人的生産者のワインは、その人でなければ、その畑でなければ生まれない強い個性を持つ。ただその個性が好きでない人にとっては単に「アクの強い」ワインだ。ただその個性が好きな人にとっては唯一無二の喜びを与えてくれる。

イタリアだとボルドーに似ているのがトスカーナで、ブルゴーニュに似ているの

がピエモンテだ。もちろん話をわかりやすくするためにかなり単純化しているので、当然ボルドーやトスカーナにも職人的生産者はいるし、ブルゴーニュやピエモンテにもアングロサクソン型モデルの生産者はいる。あくまでざっくりした話である。

安心できるワインを飲みたいときもあれば、少し冒険して個性を楽しみたいときもある。その日の気分で二つのタイプのワインを使い分ければいいと思う。

価値についての無邪気な思い込み

昔ワインガイドで一緒に仕事をしていた仲間と会うと、いつも「味が悪いワインがなくなった」という話になる。

日常生活の中で美味しいワインを楽しみたいという人にとって今はとても恵まれた時代だ。この40年間のブドウ栽培、ワイン醸造技術の進歩は目覚ましく、世界中で美味しいワインを造ることが可能になった。

40年ぐらい前まではかなり「臭い」ワインが多くあったし、酸が攻撃的だったり、タンニンが強く不快な味わいのものもごく普通に見かけた。

これらは農夫的ワイン造りから抜け出せていなかったので、醸造所が清潔でなかったことや、発酵がうまく管理できていないこと、樽が古すぎて汚染されていたことで、ワインが劣化してしまっていたのが主な原因だった。

幸い20世紀後半から徐々に醸造の知識が普及し、設備も徐々に近代化されたことで、技術が向上し、このように欠点が多いワインはほとんど姿を消した。

私がワインガイドブックにかかわり始めたのは1980年代末だが、欠点がなく、品種や土地の特徴がクリーンに表れていれば、当時はそれだけで良いワインだと褒めたたえていたものだ。そういう意味では昔は欠点のない美味しいワインと欠点があり不快なワインという二つのカテゴリーに大きく分けることができたと言える。

ところが、今では欠点がなく、クリーンなのは当たり前のことだ。かなり低い価格のワインも含めて、飲んで不快感を覚えるようなワインはほとんど姿を消したと言っても過言ではない。

そうなると人間は贅沢なもので、美味しいワインだけでは満足せず、それ以外の要素を求めるようになる。他にない個性、品格、優美さ、テロワールを感じさせる力などだ。ただ、これらの要素は醸造技術で得られるものではなく、それらの資質を可能にしてくれる際立った特徴を持つ産地が必要となる。

技術の進歩では「単に美味しいワイン」を造ることはできても、「他にはない個性と特徴を備えるワイン」を造ることはできないのだ。そしてこれらの特徴や個性を持った産地で生まれるワインは価格が高くなる。

――格付けチェックが当たらないワケ――

テレビをつけると、3000円のワインと3万円のワインのラベルを隠して芸能人に試飲させて、どちらが高いかを当てさせるという番組をやっていることがある。芸人などが外すとあたかも「味音痴」であるかのように皆で笑って楽しんでいる。

その背景にはワインは高くなればなるほど美味しくて、その美味しさは万人にわかるものであるという無邪気で幼稚な思い込みがある。実際はそうではない。

ワインの選び方にもよるが、このような比較だと普通は安いワインのほうが選ばれる確率が高いと思う。

3000円の価格帯だとすでにかなり美味しいワインが多い。しかもこのあたり

の価格帯のワインはわりと万人受けする味わいのワインが揃っている。よく商品が動く価格帯だけあって、競争も激しく、広く気に入ってもらえないと市場の敗者となるから、それほどワインを飲み込んでいない人でも美味しいと思えるワインが多いのである。

3万円のワインとなると特殊な価格帯で一般人には手が届かない。だからよほど高名なワインか、よほど際立った個性や特徴を持つものである。この価格帯は一般受けする必要はない。「通好み」のワインや、かなり熟成させないと真価を発揮しないワインが多いのである。

料理に例えれば、3000円のワインはハンバーグやオムライスのように万人受けする味わいの良質の洋食で、3万円のワインは洗練された懐石料理または鮒ずしやくちこのような珍味である。

ほとんどの子供はハンバーグが好きだが、珍味が好きな子供は少ないだろう。フルーティーなワインは万人受けするが、果実味がほとんどなく酸とミネラルが中心となった味わいは通受けしても万人受けはしない。赤ちゃんでも熟れた果実は喜んで食べるように、果実味は人間が本能的に美味しいと思える味覚だが、酸っぱさ、苦み、渋みなどは人間が成長していく過程で発達させていく味覚である。

ただ丁寧に作られたハンバーグが、洗練された懐石料理に劣るということはまったくないのと同じく、**3000円の果実味がしっかりしたワインが、3万円の酸とミネラルを軸にした通向きのワインに劣るということはまったくない。**それぞれの好みである。

白トリュフはイタリアの秋の高級食材だが、あの強烈な香りを嫌う人も多い。くい、ちこやこのわたも高級食材だが、くせのある味わいで苦手な人も多い。高級なものは好き嫌いが分かれやすいのである。

飲み比べ番組によく見かけるのが、スペインのスパークリングワインのカヴァ(1000円ほど)と高級シャンパーニュ(3万円ほど)の対決である。多くの人がカヴァのほうを美味しいと思う。まったく不思議ではない。

安い価格帯のカヴァは適度にフルーティーで、やさしく、爽やかで万人受けする味わいだ。高級シャンパーニュはしばしば酸が鮮烈で、あまり果実味を感じさせない。もちろん非常に優美で、複雑で、清らかな味わいなのだが、そのような価値は誰もがすぐに高く評価するものではない。

だから意味なく高いワインをありがたがることだけは避けるべきである。

価格と美味しさの比例関係

ワインの価格と美味しさはある程度までは比例する。畑におけるブドウの収穫量を抑えたり、手間暇をかけて凝縮したワインを造ったりすれば、一定程度まではワインの品質を高めることが可能だからだ。今は1000円以下でも十分に美味しいワインが手に入るが、多くの消費者は似たようなタイプのワインで2000円のものを飲むと、より濃厚で、凝縮感があり、なめらかで、美味しいと思うだろう。3000円だとさらに美味しく感じるかもしれない。

ただこの比例関係は、永久には続かない。**3000円を超えたあたりから（ワインのタイプや産地にもよるのでこの数字はあくまで目安と考えてほしい）、必ずしも安いワインより高いワインが美味しいと感じなくなり始める。**1万円のワインより3000円のワインのほうが美味しいという人も出始める。

ワインガイドブックの仕事をしていても、同じ生産者でも5000円のワインのほうが、1万円のワインより高い評価を得るということがしばしばあった。プロにとっても必ずしも高いワインが美味しいと思えるわけではなくなるのだ。

なぜそのようなことが起こるのだろうか？

一つには、**ある時点まではほとんどの人に共通している美味しさの基準が、あるラインを超えると非常に主観的になるからである。**

ほとんどの人は薄くて水っぽいワインよりは適度に凝縮感があるワインのほうが美味しいと感じるし、香りや味わいは一定まではしっかりしているほうを好むだろう。そのような凝縮感や強さは今の技術ではコストをかければ実現可能なのだ。

ただ個性、品格、優美さなどは微妙な価値なので、飲む人によって基準が異なる。生産者が優美で繊細と思って高い価格をつけたワインでも、飲み手によっては弱くて頼りないワインと感じるかもしれない。そうすると「えらく高いのにあまり感心しない。お金を無駄遣いした」と後悔することになる。

また、**高い価格のワインの場合、生産者がハッスルして頑張りすぎてしまい、あっと驚かせるワインを造ろうとしすぎて、逆に「こける」ということもしばしばある。**野心的すぎるワインと言えばいいのだろうか、とにかく濃厚でインパクトの強いワインを造ろうとして、飲みやすさや調和に欠け「これだったら下のクラスのワインのほうがなめらかで、心地よい」と飲み手が感じてしまうのだ。

――価格を決めるファクター――

また、美味しさ以外の基準で価格が決まる割合も増えてくる。これはワインではよくあることだ。

ブルゴーニュやピエモンテなどの著名産地はもともとワインが割高だし、無名産地のワインはネームヴァリューがない分、かなり美味しくてもお買い得価格で売られている。それ以外に希少性の高いワイン（例えば畑が小さくて生産量が少ないなど）や、有名なエピソードがあるワイン（ナポレオンが愛したなど）は価格が高くなる。このような「美味しさ」以外の要素で価格が高くなっているワインは、単に美味しいワインを飲みたいだけの消費者は避けるべきだろう。

レストランでも同じレベルの料理を出していても、席数30の店だと簡単に入ることができるのに、席数8のカウンターだけの店になると予約が取りにくい店になってしまうのと同じ理屈で、需要と供給の関係で、希少であると価格は吊り上がる。

トリュフが高いのは採れる量が少ないからである。大量に採れたり、栽培が可能になったら、価格は暴落するだろう。現に庶民の魚であった秋刀魚も、漁獲量が激減すると高級魚並みの値段になっている。価格は絶対的価値で決まるのではなく、需要と供給の関係で決まるのだ。

よく**「やっぱり高いワインは美味しいのか？」**という質問を受けるが、**繰り返しになるが、低価格ワインから中価格ワインにかけてはある程度その通りかもしれないが、高級ワインについてはケース・バイ・ケース**というのが本当のところだ。

例えば10万円のワインを飲んで「さすがにこのワインは10万円の価値がある。他にはない洗練された個性がある」と涙する人もいれば、「3000円のワインとまったく変わらない。理解に苦しむ高価格だ」と憤る人もいるだろう。一定以上の価格（さきほど指標として3000円としたが、あくまで目安だ）以上のワインの価値は主観によることが多いのだ。

ピカソの絵が好きで何億円を払ってでも手に入れたいと思う人もいるが、まったく理解できない絵なので一文の価値もないと考える人もいるのと同じである。**主観によって値打ちが大きく変化するのだ。**だからワインを普通に楽しむだけであれば、あまり高いワインは意味がないだろう。

第 4 章

味わいの向こうに見えるもの

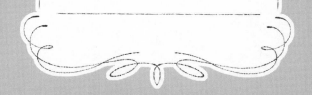

完璧は退屈

完璧に醸造されたワインが必ず人を魅了するかと言えば、そうも言えないところが面白い。ワインは完璧であることよりも、個性や面白さが重視される飲み物だからだ。

コーラやビール（クラフトビールでない大手が造るもの）は完璧に造られている必要があるが、ワインは魅力があれば完璧でなくても許される飲み物なのである。

―北と南―

イタリア北端の南チロルはイタリア語ではアルト・アディジェ地方と呼ばれている。第一次世界大戦まではオーストリア領だったところで、ドイツ系住民が住んでいる。ドイツ人よりもドイツ的メンタリティーを持つとされる住民で、**非常に几帳面な性格だ。**

今は白ワインで世界的に知られているが、生産者の気質を反映してワインは常に完璧で、非の打ちどころのないものだ。価格が高くないこともあり、イタリア全土で成功を収め、白ワインの銘醸地としての地位を確固たるものにしている。

アルト・アディジェのワインはアルプスの麓で造られるだけあってフレッシュで、純粋な清らかさを感じさせ素晴らしいものだ。ただあまりに完璧すぎると、ときに退屈な印象を受けるから不思議なものだ。

そこから800㎞ほどイタリア半島を南下するとナポリがある。ナポリを州都とするカンパーニア州も有名なワイン産地で、古代ローマの時代から優れたワインを生み出し続けている。

カンパーニア州の住民はアルト・アディジェの几帳面さとはおよそ真逆な性格で、**細かいことを気にせず、おおらかで、創造性に富んだ人たちだ。その気質はワイン造りにも反映されていて、欠点のないワインを丁寧に造るというよりも、そのときのインスピレーションや気分に任せて、興に乗って一気に造り上げるといったスタイルの生産者が多い。**しばしば欠点もあるのだが、活気あふれる香りと勢いのある味わい、ある種の雑さと荒々しさにとても魅了される。

生産地の空気感

私は年の3分の1は外国のワイン産地を訪問しているが、日本にいる間は東京と京都を往復している。往復していて驚くのは湿度の差である。気温はそれほど違わないのだが、湿度がまったく異なる気がする。

気になるので湿度計で測ってみた。冬を例にとると京都は55~65%だが、東京は20~35%だ。京都生まれ京都育ちの私は京都駅に降りると空気がしっとりしているように感じるし、東京駅に降りると空気がパサパサしているように思える。東京生まれの人は、京都に来るとジメッとしているように思うのかもしれない。

このような**気候の違いは当然住んでいる人間の気質に大きな影響を与えるだろう。だから土地を理解するには、実際に現地に行って、空気の肌触りや光を感じることが大事だ。**

ワイン産地も同じことだ。グラフで平均気温、平均降雨量などは見ることができるが、やはり百聞は一見に如かずである。ワインを通じて感じていた太陽、アルプスの風、海風などを実際に肌で感じられるのである。

だから今ワイン観光がブームになっている。見学を受け入れるワイナリーが増えたし、レストランや宿泊施設を併設しているワイナリーも多くある。

テロワールに興味がある人は是非訪ねてみてほしい。現地に行ってみると多くのことが腑に落ちるだろう。

―テロワールのスノビズム―

自分が舌で感じるものを信じ、自分が舌で感じないものは無視すればいい。

自分が美味しいと思えば、人が何と言おうと最高のワインだし、人がどれだけ絶賛しても自分の心を動かさないワインは気にする必要はない。自分に素直になることが何より重要だ。

「名声高いワインだから、私もそれを理解して、評価できる人間になりたい」などと考えるから、奇妙な現象が起こる。スノビズム（上品ぶったり教養ありげに振舞ったりする態度）である。

16年ほど前にイタリアでブルネッロ・スキャンダルという事件があった。トスカーナ州で造られるブルネッロ・ディ・モンタルチーノはイタリア最高の赤ワインとしての名声を誇っている。ブルネッロはサンジョヴェーゼというイタリア中部の土着品種だけを使って造られる。**他の品種をブレンドすることは許されていない。ところが実際は、このブルネッロに多くの外国品種**（カベルネ・ソーヴィニヨン、**メルロなど）がブレンドされていたことがばれたというスキャンダル**である。

なぜそのようなことが起こったのだろうか？

サンジョヴェーゼは偉大な品種だが、酸が強く、タンニンが厳格なので、飲みなれていない人にはやや攻撃的に思えることがある。

非常にデリケートな果実味があるものの、わかりやすい果実味ではない。やや通向きの品種なのである。だから国際市場ですぐに受け入れられる品種ではない。

ところが**ブルネッロ・ディ・モンタルチーノは名声が高いので、それを飲んでみたい、それを好きになりたいというワイン愛好家がアメリカに多くいた。**

ただアメリカの消費者は酸っぱくて、タンニンが強いうえに、あまり果実味豊かでないサンジョヴェーゼの味わいは好きではない。

それならブルネッロを飲まずにメルロやカベルネを飲めば良さそうなものだが、名声高いブルネッロを飲んじゃっている自分が好きだったようだ。

このようなアンビバレントな嗜好を持つアメリカの消費者は、困ったことに購買力が高かった。結果、**モンタルチーノの生産者はその欲求を満足させようとしてしまったのだ。生産規則を破って、カベルネ・ソーヴィニヨンやメルロをサンジョヴェーゼにブレンドした。**アメリカ人好みの果実味豊かで、濃厚かつやさしい味わいのブルネッロを造ってしまったのである。

これによりアメリカのワイン愛好家は自分の口に合うワインと、名声高いブルネッロを飲んじゃっている自分（また、それをSNSに載せちゃってる自分）という二重の満足を得ることができ、ブルネッロはアメリカ市場で大成功を収めた。

ブルネッロ・スキャンダルは過去の悪質なワイン・スキャンダルとは本質的に異なる。昔は品質の悪いワインを安く造るために、ワインにメチルアルコールを混ぜたり、不凍液を混ぜたりするというスキャンダルがあった。これらは人の命を危険にさらす悪質な行為で決して許されるものではない。

ブルネッロ・スキャンダルの場合はワインの品質を落とすものではない。むしろ

アメリカの消費者にとっては品質を高めていたのだ。

実際、スキャンダルに巻き込まれたワイン（外国品種をブレンドしたブルネッロ）はアメリカのワイン雑誌で破格に高い評価を得て、１００ドル以上の価格で飛ぶように売れていた。生産規則を守っていなかっただけで、品質は高いワインだったのだ。

──淡路の鱧──

似たような話が京料理の世界にもある。夏の名物である鱧《はも》の産地の話だ。従来から伝統的産地である淡路島周辺の鱧が最高と言われてきたし、今でも淡路産に拘っている料理人も多い。

ただ、実際には20年ほど前から韓国産の鱧のほうが人気で、市場価格も高い。韓国産は肉付きがよくグラマラスな味わいなので、特に「おとし」と呼ばれる熱湯でさっと茹でる調理をすると大輪の牡丹のように開いて、華やかな印象を与え、色白なので見た目も美しい。

対して淡路産の鱧はやや痩せているが、凝縮感のある味わいだ。皮がやや硬いが、さっと炙って胡瓜と和えたりすると最高である。こちらは噛めば味わいの出る通好みの味だ。

ここまでは何の問題もない話で、料理人がそれぞれの産地の特徴を生かした調理法で美味しい料理をつくればいいだけのことだ。

ただ、**問題は多くの客に強い日本産食材信仰があり、特に高級割烹や料亭では「有名な淡路産」の鱧が提供されることを望み、「韓国産の鱧」が提供されるといい顔をしないというのだ。**

そんな客に限って、淡路島産の鱧を提供すると「痩せていて華やかさに欠ける味だ」とけなし、黙って（または淡路産と偽って）韓国産の鱧を提供すると「さすがに淡路産はやわらかくてリッチな味わいだ」と喜ぶというのである。

したがって多くの割烹や料亭が、韓国産の鱧を淡路産と称して提供せざるを得なかったという話である。近年はさすがに堂々と韓国産として提供する料理人も増えてきた。

これも**客が知識として望むものと、食べて美味しいと思うものが一致しないところから発生した問題**で、ブルネッロ・スキャンダルと同じく消費者のスノビッシュな態度から生まれた話である。

私は自分の舌で識別できるものしか信じない。鮨屋や料理屋でうるさく魚の産地を尋ねる人がいるが、その人はブラインドで魚を食べて産地を見分けられるのだろうか。

私はそのような能力を持たないので、鮪が大間《おおま》であろうが、戸井《とい》であろうが、美味しければそれでいい。私が信頼する鮨職人が目利きして選んでくれた鮪であればボストンの冷凍ものでもいい。

昔、3つ星の鮨職人が「この雲丹はどこ産ですか？」と尋ねた人に「海」と答えたという。実際自分で食べてわからないのであれば、どこ産でもいいではないか。その季節に市場にある最高の鮪や雲丹を職人が選んでくれているのだから。

テロワールの魔力

ワイン愛好家の中には、ワインとテロワールの結びつきに魅せられる人が多くいる。ワインの香りや味わいからそれが生まれたテロワールを想像し、その産地を目に浮かべて思いをはせるという経験に喜びを見出す人が多いのだ。

単に美味しいアルコール飲料としてシャンパーニュを飲む人であれば、その生き生きとした酸や適度のミネラルを心地よく思い、美味しい飲み物として満足するだろう。

ただテロワールに魅せられたワイン愛好家は生き生きとした酸から冷涼な気候を想像し、おそらく雨が多い産地だろうと考え、ミネラルから白亜質の石灰土壌を思い起こし、極端な場合はシャンパーニュ地方の美しい丘陵風景を目に浮かべる。

その意味で**ワインは単にグラスの中にあるものだけでなく、グラスの背後に見える産地、畑、風景、光、空気、歴史なども感じさせる詩的喚起力に富んだ飲み物とも言えるのである。これはワインが香りや味わいが与えてくれる官能的喜びだけでなく、より知的、文化的な喜びも与えてくれることを意味する。**ある種のワイン愛好家にとっては、それはとても魅力的なのだ。

どんなに技術が発達しても他の土地では再現できない唯一の個性を持ったワインは、とても貴重であると判断され、価格も高騰する。一方、テロワールの個性が強くなく、他の産地でも似たようなワインが造れるということになるとその価値は低くなる。もちろんテロワールの価値はある程度はワインの美味しさとも比例しているることが多いのであるが、美味しさよりも印象的な個性や希少性が大切なのだ。

調和か個性か

テロワールの魅力は、ときに人を非合理的な方向に向かわせる。**美味しさを犠牲にしてまでも、それぞれの畑の特徴を楽しもうとするのだ。**

多くの産地では昔からいくつもの畑のブドウをブレンドしてワインを造ってきており、畑にはそれぞれの特徴がある。

例えばAは東向きの砂質土壌の畑でフローラルなアロマを持ち、香り高く、優美だが、やや弱めのワインが生まれるとする。Bは西向きの粘土土壌の畑で、スパイスやなめし革のアロマを持つ、パワフルで、頑強なワインが生まれるとする。

AとBをブレンドするとお互いに足りないところを補い合って、より美味しいワインができる。相互補完関係にある畑のブレンドにより、1＋1が2ではなく、3にも、4にもなるのである。

ところがテロワール信者はこれを嫌う。ワインは美味しくなるが、テロワールの特徴が見えなくなってしまうからだ。こうなってくるとどちらがいいかという話ではなく、立場の違いである。

ミネストローネというスープがイタリアにある。さまざまな野菜を煮たスープだ。複数の野菜を一緒に煮ることにより、それぞれの野菜の旨味が混然一体となり、とても美味しい。

これがワインで言えば畑のブレンドによる美味しさである。テロワールの哲学はそれぞれの野菜の特徴（美味しさも欠点も含めて）を明確にするためにあえて一緒に煮込むことを拒否するという姿勢だ。

ヴィンテージの問題も同じだ。ワインはその年の気候の影響を受けて味わいが変わる。冷涼なヴィンテージだと果実は弱くなり、酸が強くなるし、暑いヴィンテージだと果実味が豊かになり、酸はやさしくなる。その意味では相互補完関係にあるこの二つのヴィンテージをブレンドすればワインは確実に美味しくなるのである。ただそれぞれのヴィンテージの特徴は見えなくなる。

複数年をブレンドすることが多いスパークリングワインを例外とすると、ワインは基本的に単一ヴィンテージで造られている。これも違いを楽しむという姿勢の表れである。

このように畑やヴィンテージの個性と特徴を愛でるということは、長所も欠点も含めて受け入れるということである。**ブレンドにより完璧なワインが造れるとしても、あえてそれを目指さず、不完全であってもそれぞれの個性を楽しむということである。**

ちょうど単一蒸溜所の原酒で造られたシングルモルトウイスキーと同じだ。味わいとしては優れたブレンダーが複数の原酒をブレンドして造り上げたブレンデッドウイスキーのほうが美味しいかもしれないが、それぞれの土地の水、気候、風土が生み出す個性がシングルモルトの魅力である。

消費者が成熟して、均一な高品質よりも、欠点があっても強い個性を持つ飲料を求めるようになるとシングルモルトやワインの人気が高くなるのである。

品種の敗北

ヨーロッパ、特にフランス、その中でもブルゴーニュの生産者はテロワール信仰が強い。

ブルゴーニュのヴォーヌ・ロマネ村にラルー・ビーズ・ルロワを訪ねたときのことだ。私の友人が彼女のワインを試飲しながら、ピノ・ノワール（ブルゴーニュの赤ワインはピノ・ノワールだけを使って造られる）の特徴について二言三言話すと、マダムは厳しい口調で反論した。

「私はピノ・ノワールを使ってワインを造っていますが、品種の特徴が出たワインは造っていません。グラン・エシェゾーやリシュブールといった畑の特徴が出たワインを造っているのです」

彼女の考えでは**品種は手段でしかない。自分のワインに品種の特徴が感じられたとしたらそれは敗北で、目的であるテロワールの特徴が感じられてこそ偉大なワインということになるのだ。**

もう20年以上前になるがボルドーの著名生産者であるクリスチャン・ムエックスも「最良の畑の最良のヴィンテージでは、カベルネ・フランとメルロの違いが私にもわからないことがある」と語っていた。

テロワールの力が強く、テロワールが品種を上回る畑がヨーロッパでは一流と考えられているのである。

このようにかなり狭い考え方に凝り固まっているヨーロッパ人に、日本酒に使われる米は必ずしも醸造所がある場所のものではないと話すとパニックに陥る。新潟の酒でも兵庫県産の山田錦を使っていることは珍しくないと言うとショックを受ける。日本酒が畑のテロワールを反映していないということが信じられないのだ。そこで、日本酒はその土地の水と気候は反映していると話すと少し安心する。

テロワール信仰が強いヨーロッパでは日本酒が紹介され始めた頃は、大吟醸はグラン・クリュ（特急畑）、吟醸はプルミエ・クリュ（一級畑）と間違って紹介していたという笑い話もあるぐらいだ。

困難なテロワールこそ偉大？

ボルドー大学の醸造学の教授で醸造コンサルタントとしても活躍したドゥニ・デュブルデューとディナーで一緒になったことがある。彼の持論で面白かったのは「**容易にブドウが成熟する恵まれた産地では退屈なワインが生まれる。冷涼だったり、日照に恵まれなかったりと困難な条件で、努力すれば何とかいいブドウが収穫できる産地では偉大なワインが生まれる**」というものだ。

実際、ヨーロッパでもブドウ栽培可能北限に近いフランス北部やドイツでは昔から涙ぐましい努力により偉大なワインを生み続けてきた。

一方、古代からエノトリア・テルス（ワインの大地）と称賛され、ブドウ栽培に適したイタリアでは、恵まれた環境に甘えてしまい、努力を怠り、40年ほど前までは大量生産低品質に甘んじていた。

フランスは困難な条件を逆手にとって偉大なワインを生んできた国だ。ブルゴーニュでもボルドーでもブドウの成熟は簡単でない（少なくとも地球温暖化が始まるまでは容易ではなかった）。

極端な例はシャンパーニュで、冷涼すぎてブドウの糖度が上がらず、普通のワインはできない産地だった。だからその欠点を逆手にとって瓶内二次発酵という製法を編み出し、偉大なスパークリングワイン産地となった。

フランスワインを飲むとブドウが完全な成熟の一歩手前で収穫されていることにより、みずみずしい酸が保持され、ワインは常に優美で、フレッシュな味わいを持っている。

フランスはブドウの成熟が困難な産地なので、1945、1961、1982など偉大とされるヴィンテージは暑いヴィンテージだった。

1970年代までは雨や日照不足にたたられブドウが成熟しないヴィンテージがほとんどで、たまに暑くて日照に恵まれるとグレートヴィンテージとされた。だから暑さや太陽を渇望してきた国である。

――「パリスの審判」での逆転劇――

「パリスの審判」と呼ばれる有名な試飲会がある。1976年にパリで行われ、**当時カリフォルニアワインとフランスワインがブラインドで試飲され、カリフォルニアワインがフランスワインを打ち破ったとされる試飲会だ。**

それにより当時無名だったカリフォルニアワインの名声は一気に高まり、その実力を世界が認めたと様々な本に書かれている。もちろん当時カリフォルニアワインのレベルがすでにかなり高かったことは事実であるが、私の解釈は異なる。

前述したようにフランスの偉大なヴィンテージは暑いヴィンテージだった。フランスと比べるとカリフォルニアは温暖な気候と日照に恵まれた産地で、ほとんど毎年暑いヴィンテージだ。だから「パリスの審判」でフランスの著名なテイスターはブラインドで供されたカリフォルニアワインに偉大なヴィンテージのフランスワインを感じたのだと思う。

実際試飲に供されたカリフォルニアワインは、すべてフランス品種で造られたものだった。自分たちがめったに出会うことができないがゆえに、渇望して憧れていた暑くて太陽に恵まれたヴィンテージがカリフォルニアには毎年あった。だから思わず高得点をつけてしまったのである。

ちょうど懐石料理ばかり食べていた人にステーキを食べさせたようなものだろう。懐石料理は洗練されて上品で素晴らしいが、たまには「ガツンとくる」ステーキもいいものだ。それがカリフォルニアワインだったのだ。

——ないものねだり——

ところが人間は贅沢なもので毎日ステーキが続くと飽きてくる。やはり繊細な懐石料理が好きだなどと言い出す。

それはまさにカリフォルニアワインに一時的に魅せられた後のフランス人の気持ちだろう。洗練されているが、やや細身で、持続性はあるが、肉付きはないフランスワインばかり飲んでいた人間が、濃厚な果実味を持ち、グラマーなカリフォルニアワインを初めて飲むと、初めてステーキを食べた人間のように感嘆したが、それが続くと辟易とするということだ。

地球温暖化はブドウ栽培にも大きな影響を及ぼしていて、フランスのワイン産地も以前と比べるとブドウがコンスタントに成熟するようになった。死者が多く出るほどの猛暑だった２００３は、フランスには珍しく濃厚でパワフルなカリフォルニア的ワインが生まれた。

私は個人的にはあまり好きでないスタイルなのだが、ミシェル・ベタンが予想外に高く評価していたので驚いた記憶がある。やはり人間はないものに憧れるのかもしれない。

テロワールを刻む力

最近はほとんどの生産者が「自分はテロワールに忠実なワインを造りたい」とか

「テロワールを表現したい」と意気込むし、聞き手側もそれは立派なことだと受け入れる雰囲気がある。

しかし冷静に考えてみれば、少しおかしな話でもある。本来テロワールというのは引き出すものではなく、出てしまうものなのだ。ちょうど標準語を話そうとしても関西弁が出てしまうようなもので、隠そうとしても出てしまう畑の「癖」のようなものだ。

もちろんテロワールを歪めるワイン造りをするのは論外で、するべきではない。標高が高い冷涼な畑なのに濃厚なワインを造ろうとか、平地の暑い気候の畑なのにフレッシュなワインを造ろうとか無理をするのは暴挙である。ただ普通にワインを造れば、あえて何もしなくても、テロワールは顔を出すはずである。明確なテロワールが存在する畑であればの話だが……。

実はここのところが重要なポイントで、**すべての畑が明確にテロワールの特徴を刻む力を持っているとは限らない。テロワールの刻印を明確に刻める畑はどんな品種を植えても、ワインに共通した特徴が見られる。**

トスカーナのキアンティ・クラッシコ地区はテロワールの刻印が明確な産地だ。

そこではシャルドネを植えて白ワインを造っても、サンジョヴェーゼやメルロを植えて赤ワインを造っても、品種に影響されない明確な特徴（岩を感じさせるミネラル、みずみずしい酸、心地よいスパイシーさ）が見られる。テロワール・ワインを造りやすい産地なのだ。だからキアンティ・クラッシコ地区のワインは品種が何であれ、ラベルを隠してサーブされても注意深く飲めば、産地に辿り着くことができる。

一方同じトスカーナでも海岸地帯のマレンマ地方に行くと、全体的にテロワールの刻印は弱くなる。果実味豊かでワインとしては美味しいが、ラベルを隠されると産地を当てることは難しくなる。

ヨーロッパでは伝統的にテロワールの明確なワインが評価されてきたので、**美味しいワインが生まれてもテロワールが明確でないマレンマのような産地のワインは価格が抑えられてきた。だから美味しいワインを飲みたいだけなら絶対にお買い得である。**

──「標準語」か「方言」か？──

テロワールが方言のようなもので、畑の「癖」であるとしたら、当然好き嫌いが

分かれる。好きな人にはたまらないが、嫌いな人には耐えられない。
だからテレビのアナウンサーは方言ではなく、万人受けする「癖」のない標準語を話す。無難だからである。ただ標準語よりも方言に味わいがあると感じる人もいるのである。

ワインで標準語にあたるのは品種の特徴が素直に出て、テロワールの特徴が出ていないヴァラエタルワインだろう。皆が知っているシャルドネやメルロやピノ・ノワールの特徴が素直に出ているワインは安心して飲めて、万人受けする。

最初はまず「癖」のないワインから始めてみて、品種の特徴だけではいつも同じ香りと味わいだから飽きてきたと思えば、「癖」のあるテロワールワインを試してみるのも面白いかもしれない。

めったにワインは飲まないから、飲むときは冒険したくないというのであれば、好きな品種の特徴に忠実なワインを飲んでおくのが安心である。

―テロワールの「うざさ」―

ブルゴーニュの人がテロワールに強い思いを抱いているのには理由がある。**ブル**

ゴーニュはテロワールが明確に出る産地であるからだ。テロワールが明確にワインに表現されるには品種自体が控えめである必要がある。その点ブルゴーニュで白ワインに使われるシャルドネはアロマがニュートラルで畑の特徴を反映しやすいし、赤ワインに使われるピノ・ノワールはデリケートな品種で、品種自体が持つアロマは押しつけがましくないのでテロワールが読み取りやすい。

対照的なのはボルドーで使われるカベルネ・ソーヴィニヨンやメルロで、品種自体の特徴がかなり強く感じられる。テロワールの刻印が刻まれないわけではないが、品種の押しが強いために読み取りにくい。

またブルゴーニュは土壌が複雑に入り組んでいて、道を一つ隔てただけでも土壌がまったく異なるということがよくあるので、畑の特徴をつかみやすい。平地にある畑で、ずっと同じ土壌というのでは、テロワールの違いは見えないだろう。

もう一つテロワールの刻印が明確な産地として知られるのがイタリアのピエモンテ地方のバローロ・バルバレスコ地区である。こちらは丘陵地帯で標高が200〜500mと変化するし、畑の向きも東西南北と変化する。それにともない土壌も変わるので変数がとても多く、畑ごとの違いが出やすいのである。

使われる品種はネッビオーロで、酸とタンニンが強いが、果実味はあまりなく、バラなどを感じさせるフローラルなアロマが高貴だ。これも控えめな品種なので、畑の特徴は残りやすい。

最近注目を集めているのがシチリア島にあるヨーロッパ最大の活火山エトナの麓で造られるエトナである。標高300〜1000mと変化に富み、火山性土壌だが70万年前から噴火を続けているエトナ山だけにどの時代に溶岩が流れたかによって土壌の特徴が大いに異なる。

白ワインに使われる品種はカッリカンテで、酸が強烈だが、アロマはほとんどないと言っていいぐらいニュートラルなので、テロワールの特徴が出やすい。赤ワインに使われる品種はネレッロ・マスカレーゼで、これはネッビオーロに似た優美な品種だ。

これらの3産地はワインも美味しいのだが、テロワール・マニアにとっては聖地となっている。

ただ繰り返しになるが、ワインと畑を密接に結びつけて「遊ぶ」ことには、かるた合わせやトランプの神経衰弱のゲームのようなところがあり、それに熱中しているマニアにとっては魅力的だが、**単に美味しいワインを探している人にとっては「うざい」だけなので注意が必要だ。**

「天才」か「変な人」か

ディエゴ・アルマンド・マラドーナは天才だった。

1983年から1989年までイタリアで暮らしていた私は、彼の活躍を同時代に追うことができた。当時イタリアのセリエAは非常にレベルが高く、綺羅星のごとく名選手が揃っていた。ユヴェントスにはプラティニ、ウディネーゼにはジーコ、ローマにはファルカン、フィオレンティーナにはソクラテスといった具合だ。

その中でもマラドーナの活躍は目覚ましく、弱小チームだったナポリも彼が入るだけで見違えるほど強くなった。

マラドーナが凄かったのはチームに貢献するのではなく、一人で試合を勝利に導くことができたところだ。プラティニは偉大な選手だったが、チームプレーの中でその才能を発揮した。マラドーナは自分一人ですべてを解決した。

わがままで気まぐれな男だったので、よく気分が乗らないので試合に出ないと駄々をこねてはチームを困らせていたが、周りが宥《なだ》めて試合残り15分でようやくピッチに立つと、あっという間に2ゴールを入れて試合を終わらせた。

この超人が降臨してすべてを解決するというパターンはいかにもラテン的で、プラティニの合理的プレースタイルと対照的だった。聖ジェンナーロに祈れば、この聖人がすべてを解決してくれると信じているナポリ人のまさに「好み」のスタイルだったのだ。

だからマラドーナは今でも「ナポリの王」で彼がつけていた10番は永久欠番になっている。創造力（ファンタジー）溢れるマラドーナはファンタジスタとして絶賛された。

これに真っ向から異議を申し立てたのが1987年にミランの監督に就任したアリゴ・サッキである。彼はゾーンプレスという高度のチームプレーでマラドーナに対抗しようとして、数々の名勝負を繰り広げた。何をするか予想不可能なマラドーナのプレースタイルに対して、組織力で対抗しようとしたのである。

そのサッキが言ったのが「私にとってファンタジーとは正しいタイミングで正しいことをすることだ」である。**天才の創造力に頼るのではなく、チーム全員が一つの目的に向かってなすべきことをする。**それを徹底することによりミランはマラドーナを抑え込み、歴史に残る輝かしい業績を残した。

天才にはロマンがある。「正しいタイミングで正しいことをする」のはロマンがなく、しばしばモチヴェーションを保つことが難しい。ただ輝かしい成果が出るのである。

ワイン造りも料理も細かいことの積み重ねで、その一つひとつを磨き上げていくことで、偉大なワインや料理が生まれる。マラドーナのような天才が天から降ってきて、魔法の杖で生み出すのではないのだ。

それにもかかわらず、地味な「正しいこと」の積み重ねは散文的すぎて「見栄えがしない」から、マラドーナのような「天才」を無理やりに生み出そうとする人たちがいる。天才の安売りだ。そして世界中にワイン造りの「天才」や料理の「天才」が現れる。単なる醸造家がスターになったり、単なる料理人が天才になったりする。もちろん稀に「天才」が存在することを否定するものではない。料理で言えばフェラン・アドリアは天才だったかもしれない。ただ同時代に世界中で一人か二人である。町内に一人いるわけではないのだ。

天才でもないのに天才に祭り上げられた人は誰にでもわかる「他とは違うこと」をするしかなく、奇抜なことに走る。異常に濃厚なワインを造ったり、強く樽を利かせたり、聞いたこともない品種を使ったり、予想外の食材を組み合わせてみたりといった具合だ。そうすると少なくとも「普通でない」ことは猿にでもわかる。

ただ勘違いしてほしくないのは**「普通でない」＝「天才」ではなく、「普通でない」＝「単に変な人」ということも十分にありうるのである。**

―当たり前の難しさ―

北イタリアのマントヴァとクレモーナの間の田園地帯に「ダル・ペスカトーレ」というレストランがある。１９９６年からミシュランの3つ星を保持していて、イタリアで最も長く3つ星を守っているレストランだ。シェフはナディア・サンティーニという女性だが、彼女の料理が素晴らしい。地元の家庭料理で、当たり前のことを当たり前にやっているだけなのだが、細部を完璧に磨き上げていて、どんなにクリエイティヴな料理よりも新鮮な驚きに満ちている。

「すきやばし次郎」も同じだ。一見シンプルに見える鮨の背後には莫大な量の下ごしらえがある。それを細部にいたるまで完璧にこなし、しかもそれを常に向上させることで、前人未到の領域に達した。

当たり前のことを当たり前にすることの難しさを誰よりも知っているのは小野《おの》二郎《じろう》さんと禎一《よしかず》さんだろう。そしてその難しいことを黙って何十年も続けてきた。「天才」フェラン・アドリアが最も腰を抜かして感動したのは正しいタイミングで正しいことをやり続けてきた「すきやばし次郎」の鮨だ。

ワイン造りも料理もセンセーショナルなものを求めるのをやめて、当たり前のことを当たり前にやることの大切さを評価すべきだと思う。

ヴェローナの2つ星のレストランのシェフ、ジャンカルロ・ペルベッリーニは「私はシェフではなく、コックだ」と話し、バローロの伝説的生産者マリア・テレーザ・マスカレッロは「私は単にワインを造っている人間であって、スターではない」と話した。本物は自分を知っている。

醸造技術の進化

この50年ほどの醸造技術の進歩は目覚ましく、**醸造技術の未熟さからくる欠点を持つワインはほとんど姿を消した。**

持続可能性や自然環境の保持に配慮をする生産者も増え、少なくとも高品質ワイン生産者は畑での除草剤や殺虫剤の使用を控えるようになった。それによりワインはクリーンになり、品種や産地の特徴が明確に浮き上がってきた。

揮発酸が高すぎたり、異臭が混ざっていたり、酸化または還元（または両方）により バランスを崩した昔のワインを知っている私のような人間は本当にいい時代が来たものだと実感する。ほとんどのワインを安心して飲むことができるのだ。

―新たなワイン―

経験、熟練、直感によるワイン造りが行われていた時代でも一部の優れた資質を持った生産者は偉大なワインを造っていたが、そのノウハウが一般化され、皆に共有されることはなかった。一子相伝のように限られた集団に継承されていたのである。それに対して近代的醸造技術は一般化され、学校でも教えられたので、誰もが学習し、実践することができた。

優れた直感を持つ熟練した生産者でなくても、それなりのレベルの安定したワインを造ることができるようになったのは醸造技術のおかげだ。もちろん卓越したワインを造るには醸造技術＋優れた感性と熟練が必要であることは言うまでもないが。

醸造酒の中でもワイン造りは比較的シンプルなもので、本来は技術に頼る部分は少ない。基本的にブドウをつぶして、置いておけば発酵が始まり、ワインができるのである。

だからワインにはブドウが持っているアロマや味わいがストレートに反映されやすい。これは果実酒の特徴でもある。

ゆえにブドウの品質が何より重要だし、「ワインは畑で生まれる」と言われる。もちろんビールにとって麦芽、日本酒にとって酒米の品質も重要であるが、**ワインはブドウの品質がすべてを決めると言っても過言でない。**

ワイン醸造はブドウが持っている優れた資質をいかに失わないかということに注力するべきである。１００点のブドウが収穫できたら、それを１００点のままワインに移していくことが必要だ。

醸造技術が未熟だと優れた資質の多くが失われ、１００点のブドウから50点のワインができてしまう。ワインが酸化するとアロマが失われるし、不快な香りが加わると芳しさが感じられなくなるのだ。

１００点のブドウを使って、完璧な醸造を行えば１００点のワインができるが、どんな優れた醸造家でも１２０点のワインを造ることはできない。いかに失わないかという勝負なのである。50点のブドウで完璧な醸造を行っても、50点のワインしか生まれない。醸造技術で50点のブドウから80点のワインを造ることは不可能なのである。

ワイン造りにおいてはマイナスを避けることが最重要課題であり、プラスにしようとしてはいけない。醸造技術はブドウが本来持っているものを守るために使われるべきだ。

ただ技術は常に諸刃の剣だ。**進化した醸造技術を使って50点のブドウから80点も**

どきのワインを造ろうという生産者が現れるようになった。

その背景には、ブドウ栽培の困難とコストの高さがある。ブドウの出来不出来は天候に左右されるし、病害に襲われると品質が下がる。高品質のブドウを収穫するためには常に畑を管理する必要があるし、コストもかかる。その手間を省いて、ブドウの質が劣った場合は醸造技術で何とかしようとするのである。

そこで薄い果汁を逆浸透膜で濃縮したり、オークチップにより樽香をつけて高級感を出したり、タンニン添加をしてワインにボディーを与えたりといった類の介入を行う。もちろんこれらの介入はワインのバランスを崩すので、熟練した専門家が試飲すると「ばれる」こともあるが、「ばれない」ことも多い。

栽培に手間とコストをかけるより、醸造でワインを修正するほうが安上がりなので、価格を下げることができ、市場における競争力が増す。別に体に悪い影響を与えるわけではないので、価格が下がるならば構わないという消費者もいる。

お手頃価格でそれなりに美味しいアルコール飲料としてのワインを求めている消費者にとっては一つの選択肢だ。味わいのバランスが悪いと感じれば、もう少しお金を出して他のカテゴリーのワインを選べばいいのである。

ロマン主義の反動

醸造の進歩により欠点のあるワインが姿を消すと同時に、ある種の均一化が行われた。ブドウの品種や産地が違う限り、注意して試飲すれば明らかな違いがあるのだが、一見似たようなワインが溢れることになったのである。

このような均一化と前述したような過剰な醸造技術の駆使に対する反動として、**醸造技術を拒否して、「素朴なワイン」に回帰したいと願う生産者やそれを支持する消費者が出てきた。**「醸造技術進化＝クリーンなワイン＝品質は安定しているが均一で退屈なワイン」を拒否して、「昔ながらの醸造＝欠点はあっても個性があるワイン」のほうが良かったと考える人たちである。

それによりすでに克服されたはずの**欠点を持つワインがむしろ支持されるという奇妙な現象が見られるようになった。**揮発酸も、酸化も還元も、異臭も「より自然なワイン造り」の産物なのだから問題ないという考え方だ。

ちょうど産業革命による技術進化と科学的合理主義に対する反動として、ロマン主義が起こり、暗黒面も多かった中世を美化したように、**醸造技術進化に対する反**

動として昔ながらの素朴なワイン造りが憧憬の対象になったのである。その背後にあるのはアルカイックなワイン造りへの無邪気な憧れであり、近代醸造技術が導入される前をユートピアと信じる「汚れなき純粋なワイン造り」という幻想である。

繰り返しになるが近代醸造が普及する前にも、素朴なワイン造りをしてクリーンで偉大なワインを造っていた生産者はいたのである。醸造学はそれを一般化して、民主化しただけだ。名人でなくても、誰もが安定してクリーンなワインが造れるようにしたのである。

「手ごねハンバーグ」と同じだ。ファミレスやコンビニの画一的味わいが支配的になると「手ごねハンバーグ」に対する憧れが増す。確かに熟練した職人が手ごねしたハンバーグは美味しいだろうが、未熟者がこねたハンバーグは味にばらつきがあるだろう。それなら機械がこねたハンバーグのほうがましだ。安定しているだけでなく、より衛生的なことも多い。技術は誰もがそれなりのレベルを実現できるようにしてくれるものなのだ。

きれいに造られた欠点のないワインばかりになると、人間味が感じられなくなり、百姓臭いワイン、ごつごつした手の感触が感じられるワインの魅力が懐かしくなるのかもしれない。

ただ、本当にごつごつしていたり、臭いワインは勘弁してほしい。ロマンもいいが、クリーンな味わいはもっと重要だ。アンリ・ジャイエはごつごつした手の農夫だったが、彼のワインは土臭さをまったく感じさせない、極端に洗練されたものだった。

―稚拙な言い訳―

「汚れなき純粋なワイン造り」に憧れる人は、「醸造技術を駆使して造られた個性のないワインよりは、たとえ欠点があっても自然な造り方のワインがいい」と主張する。

ただこの比較自体がおかしい。醸造技術を駆使しても品種とテロワールの個性が明確に出たワインもあるし、自然な造り方をしてもクリーンで欠点のないワインもいくらでもあるからである。

だから醸造技術を駆使する人は個性を失わないような醸造を心掛けるべきだし、自然なワイン造りをする人も欠点のないクリーンなワインを心掛けるべきである。

近代的醸造、自然なワイン造りといった自らの哲学、姿勢を、醸造の未熟さの言い訳に使うべきではない。それぞれの立場で欠点のない、個性を持ったワインを造るべきだ。

偉大なワインの皮肉な運命

中国をはじめとするワインの新興消費国の購買力が非常に強くなるにつれて、著名なワインの一部は価格が高騰した。

ボルドーの5大シャトーを例にとると、偉大なヴィンテージだった１９８９や１９９０がリリースされたときは1万５０００円で日本でも普通に買えたが、今は10万円を軽く超えている。25年ほどで10倍近くに値段が跳ね上がったわけだ。著名なシャンパーニュやブルゴーニュのワインの価格も高騰している。

これらのワインは美味しいアルコール飲料というカテゴリーを超えて、ラグジュアリー・ブランドとして世界中で渇望されているのである。ワインについてまったく興味がない人も、ルイ・ヴィトンのバッグを買うようにこれらの著名なワインを購入する。

当然ワイナリーは大満足で、巨額の儲けを醸造設備などに再投資してさらにワインの品質を高める努力をしている。品質を向上させるための努力は惜しんでいないのだ。

すでに述べたように1万5000円だったワインが10万円を超すまで値上がりしても、味わいが10倍美味しくなったわけではない。著名なワインを欲しいと思う消費者が急増したのである。

そして、新規参入の消費者は購買力と購買意欲は高いが、往々にしてワインに対する知識はほとんどない。だから有名ブランドしか買わず、ボルドーで言えば10ほどのシャトーに人気が殺到するわけだ。

ただ、このような価格帯に到達してしまうと、普通のワイン愛好家のほとんどは購入しなくなる。価格がこれほど急上昇していなくて、同じぐらい美味しいワインもあるので、それで十分だからだ。

したがって理屈上、**最も美味しいはずの5大シャトーのワインやプレミアム・**

シャンパーニュや希少なブルゴーニュワインは多くの場合あまりワインの味わいに興味がない人に飲まれてしまうという運命を辿ることになる。美味しいワインを飲みたいのではなく、著名なワインを飲みたい消費者が買い占めてしまうからである。

中国では5大シャトーの空き瓶は1万円近くで売れるらしい。中に入っているものはあまり重要でなく、ラベルが問題なのだ。

資本主義における経済活動なので、そのことについて別に特別な思いを抱くわけではない。ただ、ワインの品質を極限にまで高めるために莫大な投資と努力をして、ワインの品質を高めた結果、そのワインがあまり品質に興味のない人に飲まれていくというパラドックスには一抹の虚しさを感じないわけにはいかない。

――ワイン造りと映画製作――

ワイン造りは金がかかる経済活動だ。畑をうまく管理していくには多くの人手がかかるし、高品質ワインを目指すほど機械化が難しく、手作業が必要だ。醸造設備もどんどん進化しているので、品質を高めるためにはそれらを購入する必要もある。

だからどんなにいいワインを造ったとしても、それを利益が出る価格で売ることができなければ、何年かのうちに倒産する。他の業界で成功して、趣味としてワイン業界に参入したもののうまく行かず数年で撤退した例もよく目にする。

その意味で**ワイン造りは映画制作に似ている。映画制作も莫大な人と資金が必要で、利益が出なければ、次の作品は制作できない。**

ここが小説や絵画との大きな違いである。小説は一人で書けるし、絵画は一人で描ける。もちろん最低限のインクと紙や画材は必要だし、自分が生きていくだけの稼ぎをすることは必要だが、それを何とかすれば売れなくても小説を書き続けたり、絵画を描き続けたりすることは可能だ。

まったく売れずに、貧しく無名のまま亡くなって、死後に有名になったヴァン・ゴッホのような例は数多いが、映画で興行成績が悲惨なのに制作を続けたという例はない。

私たちはロマンが感じられるワイン造りにばかり目を向けがちだが、散文的な販売活動もそれと同じだけ、いやそれ以上に重要なのだ。

好みはさまざま

ワインは飲む人の好みこそが重要であると述べてきた。ワインにはさまざまなタイプがあり、それぞれにファンがついている。

ワインが常に食卓にあり、日常生活に根付いているヨーロッパでは、どちらかと言うと控えめで、食事に寄り添ってくれるタイプのワインが好まれる。囁くようなワインだ。食卓以外でワインが飲まれることも多いアメリカでははっきりとした存在感のある自己主張が強いワインが好まれる。シャウトするワインと言ってもいいかもしれない。

オードリー・ヘップバーンのように細身で、優美なワインと、マリリン・モンローのようにグラマーでゴージャスなワインとたとえることができるかもしれない。

実際ヨーロッパの批評家とアメリカの批評家ではっきりと好みが分かれて、論争が起こることもある。

ヨーロッパの伝統主義者はアメリカで高い評価を得たボルドーワインに対して、「こんな濃厚でアルコール度数の高いワインは本来のボルドーではない」などと噛みついたりしているが、生産地区のブドウをちゃんと使って造られている限り、どのようなスタイルのワインを造ろうと生産者の勝手だ。批評家がスタイルを押し付けるのはかなり無理がある。

「日本人は黒髪が伝統なのだから、金髪に染めるのはおかしい」と噛みつくぐらい滑稽である。時代とともに好みは変わるので、たとえそれについて苦々しい思いを禁じ得ないとしても、正面から非難するのはあまり正しい態度ではないのだ。

イギリス人は熟成したワインが好きだ。若々しい豊潤な果実が感じられる赤ワインより、シガーボックス、タバコ、甘草、スパイス、なめし革のような熟成香が出てきた赤ワインを好む。イギリス市場向けに少し熟成香のあるワインを造っている生産者もいる。スパークリングワインでは辛口で、断固とした厳格な味わいのものが好きなので、昔はReserve for Great BritainとかFor Englandといったイギリス人好みのキュヴェが造られていた。

フランス人はsouplesseと表現するなめらかさ、やわらかさ、丸み、しなやか

さを重視する。きめが細かく、包み込むような、シルキーな口当たりが高く評価される。**イタリア人はメリハリの利いたはっきりしたワインが好きだ。**北部（特にピエモンテ）では酸が強いワインが好まれるし、南部ではのんびりした（悪く言うとちょっと間の抜けた）ワインが好まれる。

少し話が脱線するが、食材に対する好みも大きく異なる。今は世界的和食ブームで、多くの人が生の魚を食するようになったが、ひと昔前まではヨーロッパでは生の魚を食べる習慣はなかった。数少ない例外が南イタリアで、鰯、雲丹、海老などを生で食する習慣が昔から根付いている。

南イタリアで好まれているのはとても海の香りが強い雲丹や海老である。特に小さくて赤い雲丹は海水を飲んでいるのかと思うぐらい磯の香りが強い。これにレモンをかけて小さなスプーンですくって食べたり、パスタに混ぜたりしている。

日本では、ここまで海の香りが強い雲丹は下品と考えられるだろう。どちらかというとクリーミーで、ほのかに磯の香りが漂うという雲丹の評価が高い。国によってかなり好みは異なるのである。

イタリアでは人気があるショートパスタだが、日本人はスパゲッティなどのロングパスタを好む人が多い。

そんな日本人とイタリアのレストランに行ったときは、ショートパスタのメニューがあっても店に頼んでスパゲッティにしてもらう。イタリアは破格に融通が利く国なので「このソースにはスパゲッティは合いません。ショートパスタしか駄目です」なんてことを言う人はおらず、たいていは快く了解してくれる。これでお客さんも大満足である。やはり自分が好きなものを食べるのが一番なのだ。

その地の気候というのも重要だ。イタリアやフランスでとても美味しいと思ったワインを買ってきて、日本で飲んだら失望したということも多い。安い価格のデイリーワインほどその確率が高くなる。

イタリアで鮮やかな色彩の服を気に入って買って帰っても、日本の淡い光の下で着るとまったく合わなかったという苦い経験をした人もいるだろう。それぞれの風土で印象が変わるのである。

私がワインを飲み始めた1980年代頃は日本でもボルドーワインの人気が高かったが、近年はブルゴーニュファンがずいぶん増えたような気がする。

超濃厚なカリフォルニアワインがブームになった時期もあったが、今は少し落ち着いたようだ。国全体の好みも変化していくのである。もちろんこれらのワインに優劣はない。

中国では濃厚でパワフルな赤ワインが好まれる。樽香が強ければさらに受けがいい。これを洗練されない未熟な味覚として馬鹿にするスノッブな人がいるが、私はむしろ憧憬を感じる。

年をとるにつれて人は洗練を手に入れるが、活力を失う。私はむしろ濃いワインを好む中国市場の勢いや無謀さを羨ましく思う。もりもりと焼肉を食べる若者を見るときに感じる懐かしさと憧憬に近い。自分が若かった頃を思い出すのである。

国全体に満ちたギラギラしたエネルギーには濃いワインこそが相応しい。イギリス人が熟成したワインを好むのも、日本でブルゴーニュファンが増えたのも、国全体の成熟と緩やかな衰退と重なっているような気がする。「もう若くはない」のである。

私も1980年代は勢いのある弾けるようなワインにとても惹かれた。今は落ち着いた味わいを好むようになった。別に自分がより洗練されたとは思わない。単に好みが変化しただけである。

特別編

ワインを楽しむのに知っておくといいこと

◉初めの1本を選ぶときに知っておきたい基本の品種

テロワールやグラスの向こうに見える風景といった「ポエム」には興味がなく、日常の生活に彩りを添えてくれる美味しいアルコール飲料としてのワインを求めているなら、品種からアプローチするのが安全な方法だろう。

自分の口に合う品種を見つければ、ほぼ間違いなく求めるものを得ることができる。ワインに品種の特徴を求めるならヨーロッパの伝統産地（後述の品種は使っているが、ラベルには品種名は記載されない）のものよりも、新興産地であるニューワールド（カリフォルニア、チリ、南アフリカなど）の、品種名がラベルに記載されているものがいい。

すでに述べたがヨーロッパの生産者にとっては品種よりもテロワールが重要なので、品種の特徴を表に出すことを必ずしも良しとしない。それに対して、ニューワールドの生産者は品種の特徴が明確に出たワインを造り、それを求める消費者を満足させることを目指している。特に低価格帯はその傾向が強い。

シャルドネらしいワインを求めるなら、ブルゴーニュではなく、ニューワールドのシャルドネを探したほうがいい。もちろんブルゴーニュの白ワインは素晴らしいが、シャルドネの味わいというより、ムルソーやピュリニー・モンラッシェといった土地の味わいがする。

シャルドネ（白）

世界各地で栽培されている品種で、ワインの種類も多く、スーパーなどでも簡単に手に入る。チリなどのものは価格も安い。

シャルドネの魅力は満腹感。特にニューワールドの暑い産地のものはパイナップルなどの豊潤な果実味があり、ふくよかで、ガッツリした白ワインが好きな人に好まれる。樽熟成をするとさらに重量感が増す。

もともと際立ったアロマがなく、ニュートラルな品種なので、産地によってさまざまな表情を見せる。ブルゴーニュの白ワインはほとんどがシャルドネ１００％で造られる。ブルゴーニュのような冷涼な産地では、清らかな酸とミネラルを持つ、フレッシュなワインとなる。シャブリがその好例で、ニューワールドのものと比べると細身である。それぞれの畑や村の特徴が明確に出て、精緻かつ品格高き白ワインだが、価格もかなり高い。

お手頃価格で、しっかりした充実感を与えてくれる白ワインが飲みたいときは、ニューワールドのエントリーレベルのシャルドネがお薦めである。強めに冷やせば爽やかさも感じさせてくれる。

ソーヴィニヨン・ブラン（白）

シャルドネのアロマがニュートラルで、あまり際立った特徴がないのに対して、**ソーヴィニヨン・ブランはアロマがグラスからあふれ出るほど強い品種だ。**だからアロマティック品種と分類される。

典型的アロマは「夏に芝生を刈ったときの香り」で、ある種の青臭さを感じさせる。熟したブドウを使うとパイナップルやマンゴーといったトロピカルフルーツをも感じさせる。麝香《じゃこう》も必ず感じられるアロマで、少しオーデコロンを想起させる。よく使われる表現が「猫のおしっこ」だが、確かに似たアロマがある。

品種名がラベルに明記されているものは、普通ソーヴィニヨン・ブランとわかる香りを持っているので、品種当てクイズとしてはかなり簡単な部類に入るだろう。**味わいはフレッシュで、勢いがあり、とても心地よい。爽やかで、香りが華やかな白ワインが好きならソーヴィニヨン・ブランがお薦めだ。**

ボルドーの白ワイン（赤と比べると生産量は少ない）はソーヴィニヨン・ブランが使われる（セミヨンがブレンドされることも多い）が、これはそれほど品種の特徴を感じさせない。ブラインドで飲むとソーヴィニヨン・ブランとわからないこともあるぐらいだ。

ボルドーの白ワインには20万円近い価格になるものもあるが、高くなるほど品種の特徴は表に出ない。ヨーロッパらしいスノビッシュな価値観では、品種の特徴が出過ぎるのは「お下品」と考えられているのだ。

リースリング（白）

ワインに濃厚さや重量感ではなく、**繊細さや清らかさを求める人にはリースリングがいいだろう。**ドイツのモーゼル、ラインガウ、フランスのアルザスが有名な産地で、冷涼な気候を好む。オーストリア、北イタリア、オーストラリアでも良いものができる。

リースリングの特徴は白い花を感じさせる可憐で繊細な香り、清冽な酸、引き締まった味わいである。最良のものは身の引き締まるようなシャープな酸を持つ。酸が強いので少々甘口に仕上げても、甘ったるさをまったく感じさせず、むしろ華やかなアロマが引き立つ。**やや甘口のワインがお好みの方にもお薦めだ。**

世界的に高く評価されている品種だが、辛口のワインは意外に安い。私はフランクフルト空港の免税店でよく買うが著名生産者のものでもベースのワインだと10€ほどで手に入り、もちろんとても美味しい。ブルゴーニュなどと比べると、とてもお買い得である。

温度も湿度も高い夏の夜などに、しっかり冷やしたリースリングを飲むと、登山した後の山の湧き水のような清涼感に癒される。「北国的」雰囲気を纏った品種だ。

ピノ・ノワール（赤）

「世界で最も高貴な品種は何か？」と尋ねられたら「ピノ・ノワール」と答える人

は多いだろう。ブルゴーニュの赤ワインのほとんどはピノ・ノワール100%で造られている。ブルゴーニュの赤ワインの極端に洗練された高貴な香りと味わいはピノ・ノワールとブルゴーニュのテロワールの唯一無二の組み合わせから生まれる。

ピノ・ノワールを他の産地に植えても、ブルゴーニュの赤ワインのような味わいには絶対にならない。ニュージーランドやオレゴンのラズベリーのアロマが表に出たピノ・ノワールも魅力的だが、ブルゴーニュとはまったく異なる。

ピノ・ノワールは植えられた場所のテロワールを正確に反映するので、ブルゴーニュの赤ワインが好きなら、他の産地のピノ・ノワールを代替品にすることはできない。これはブルゴーニュワインが市場において圧倒的優位性を保てる理由である。ブルゴーニュの赤ワインが好きになってしまったら、どんなに高くてもブルゴーニュを買うしかないのだ。だから、残念ながらブルゴーニュにお買い得なワインはあまりない。ただ、その魅力にとりつかれてしまった人には大きな幸せを与えてくれる。

病害に弱く、栽培が困難な品種だから、収穫が安定しないことも価格を高くしている。それでも世界中でピノ・ノワールに挑戦したいという生産者が後を絶たない。

飲み手も、造り手も虜にしてしまう品種である。

ピノ・ノワールによるワインは赤い果実、赤い花、スパイスなどを感じさせる香りが繊細かつ高貴で、味わいはデリケートで、口当たりは絹のようだ。ある種の軽やかさ、風通しの良さが常に感じられ、重くなることは絶対にない。重量感のあるワインにはならないので、「ガツンとくるワイン」を求める人はやめたほうがいい。

濃厚なワインが好きな人には頼りないワインとも言える。

よく成金のおじさんが若い女性にロマネ・コンティを振舞ったのに、リアクションが芳しくなかったという話を聞くが、ある意味当然である。ロマネ・コンティは完璧な調和を持つ偉大なワインだが、色も濃くはないし、重厚でもなく、まして濃厚ではない。精緻さと陰影の豊かさが身上のワインで、「ガツンとくるワイン」が好きな人の琴線には触れないだろう。

私もスパイシーなたれをつけた焼肉に合わせてブルゴーニュの赤ワインを飲もうとは思わない。焼肉なら少々粗くても濃厚なワインがいい。一方、**ブレスの鶏のように繊細で緻密な味わいの食材にはピノ・ノワールは最高だ。**

オレゴン、カリフォルニア、ニュージーランドなど**ニューワールドのピノ・ノ**

ワールはもう少し果実が表に出て、心地よいジャミーなトーンもあるので、こちらのほうが料理を選ばないかもしれない。

高貴であると同時に気難しい品種で、コストパフォーマンスが高いワインを見つけるのはかなり困難だ。

カベルネ・ソーヴィニヨン（赤）

ピノ・ノワールと対照的に頑強な品種がカベルネ・ソーヴィニヨン。**凝縮感のある黒い果実のアロマと渋みのある豊かなタンニンが特徴だ。**もちろん産地によって香りも味わいも異なるが、ピノ・ノワールと違って、**どこに植えられてもカベルネ・ソーヴィニヨンだとわかる特徴がワインに残る。**ある意味、自己主張の激しい品種である。

ボルドー（特に左岸）の主役品種で、ボルドーでは基本的にカベルネ・フランやメルロとブレンドされ、カベルネ・ソーヴィニヨン１００％のワインは稀だ。カベルネ・ソーヴィニヨン主体のボルドーは少しだけ青っぽさを感じさせるタンニンがとても魅力的だが、この青っぽさはタンニンが１００％成熟しなかった証でもあるので、嫌う人もいる。

私は個人的にはこの「青さ」は、ボルドーの赤ワインの精髄だと思う。このタンニンのおかげで、ボルドーの赤ワインは破格の長期熟成能力を誇る。逆を言えば30年ほど熟成させないと真価を発揮してくれない。温暖化の影響で気候が温暖になり、醸造技術が進化したので、今はボルドーの赤ワインも若い段階で飲んでもとても美味しい。ただ若くして飲むと「単に美味しいワイン」で終わってしまう。

30年ほど寝かせると「偉大なワイン」に化けてくれる。だから、高い価格のものは熟成させないとちょっと「もったいない」感があるが、気にしないなら若くして飲んでももちろんまったく問題はない。

同じカベルネ・ソーヴィニヨンでもカリフォルニア、オーストラリアなどの暑い産地のものはタンニンが完璧に成熟するので、青っぽさは消える。

甘いタンニンを持つ濃厚なカベルネ・ソーヴィニヨンはとても美味しいが、ボルドーと比べるとやや陰影に欠ける。チリや南アフリカのカベルネ・ソーヴィニヨンもこちらのカテゴリーに入るだろう。

カベルネ・ソーヴィニヨンは常にしっかりとした「満腹感」を感じさせる。失望

させられることが少ないので、世界中で成功している。それぞれの価格に見合った満足感を与えてくれるのだ。

メルロ（赤）

最も高貴な品種がピノ・ノワールなら、**最も官能的な品種はメルロだろう。**メルロはすぐにその魅力を開示してくれる。ピノ・ノワールやネッビオーロのようにもったいぶらない。**ブルーベリーなどを想起させる豊かな果実味は誰もが好きになるものだし、タンニンはやわらかく、味わいはふくよかで、酸が少ない。**

ワインを飲みなれていない人でもすぐに好きになる味わいで、ボルドー右岸のポムロールなどの産地では複雑さも兼ね備えたワインとなる。

メルロのある種の「わかりやすさ」は諸刃の剣だ。なかなか開いてくれないボルドー左岸のワインとは対照的に若い段階から魅力満開なので、世界的成功を収めているが、ワイン通の人たちからは通俗的、初心者向けなどの心無い批判を受けている。ただ、これは著しい筋違いで、**魅力的だからといってシンプルとは限らない。**美人だから名女優にはなれないと言っているのと同じで見当違いも甚だしい。

私はポムロールのワインが好きだ。非常に官能的な果実味を持ちながらも、下品にならず、かろうじて品格を保っているところにとても魅力を感じる。

カリフォルニア、チリなどの暑い産地のメルロはさらに果実味が濃厚になり、まさに濃縮ジュースのような魅力がある。濃いワインが好きな人にはたまらないだろう。アメリカ人のジャーナリストは、このようなワインを高く評価する人が多い。ある意味ブルゴーニュの赤ワインとは対極に位置するワインである。

「ガツンとくる」濃厚なワインが好きだが、カベルネ・ソーヴィニヨンの渋みは苦手という人にはメルロがお薦めだ。しなやかで、ヴォリューム感のある味わいは必ず満足させてくれることだろう。

シラー（赤）

フランスのローヌ地方原産の品種で、**赤い果実、黒胡椒などのスパイシーなアロマを持ち、野性的な味わいが魅力だ。**少し粗野な品種として他のワインの補強に使われていた時代もあったが、今は独自のアイデンティティを確立した。オーストラリアやカリフォルニアなどの暑い産地ではアルコール度数が高く、カカオやユーカリを感じさせるジャミーでパワフルなワインとなる。

ブルゴーニュのピノ・ノワールが洗練されたワインだとすると、ローヌのシラーは正面から果実をたたきつけるような荒々しさが魅力だ。フランスワインの中では「南」を感じさせるワインでもある。

ニューワールドのシラーは濃厚だが、みずみずしさも持ち合わせたワインで、スパイシーな肉料理などに合わせると最高だ。

ネッビオーロ（赤）

イタリアを代表する赤ワインであるバローロやバルバレスコに使われる品種がネッビオーロだ。**アロマの高貴さはピノ・ノワールを想起させ、干したバラのフローラルな香りに、フランボワーズ、チェリー、スパイスが混ざり、とても優美で、複雑だ。**

口中ではピノ・ノワールとまったく異なり、タンニンと酸が頑強で、渋くて、酸っぱいので、飲みなれていない人は怖気づいてしまうかもしれない。10年ほど瓶熟成させるとタンニンがこなれて、ビロードのような味わいになるが、現代生活で

10年間ワインを熟成させる根気を持っている人も少ないかもしれない。若くして飲むなら脂っこい肉の煮込み料理などに合わせると、タンニンが味わい深く感じられるだろう。

非常に気難しい品種で、イタリア北西部にあるピエモンテ州（とロンバルディア州の一部）でしか優れた成果が出ない。他の産地でも美味しいワインはできるのだが、平坦な味わいになってしまい、ピエモンテのネッビオーロの厳格な貴族性を失うのだ。

普通は単一品種で醸造され、畑の特徴を鮮やかに反映する。高貴さと気難しさの組み合わせが絶妙で、とても通好みの品種である。テロワールを鮮明に表現する点と高貴な香りと味わいがブルゴーニュワインに似ているので、今世界中のブルゴーニュ愛好家がネッビオーロに熱い眼差しを注いでいる。

サンジョヴェーゼ（赤）

ネッビオーロが銘醸地ピエモンテを代表する品種なら、サンジョヴェーゼはそのライバルであるトスカーナを代表する黒ブドウだ。

香りはスミレを想起させるフローラルなアロマに、チェリー、赤い果実が混ざり、少しスパイシーだ。口中では酸とタンニンが堅固だが、ネッビオーロほど強烈でなく、とてもエレガント。

サンジョヴェーゼも植えられる土地によってかなり表情が異なり、内陸部の山に近いキアンティ・クラッシコではフレッシュで、優美なワインとなり、少し南の海に近づくモンタルチーノではスピリッツ漬けのチェリーや地中海ハーブを感じさせる、雄大でスケールの大きなワインとなる。

厳格なネッビオーロと比べると、**どこか軽やかで、華やかな印象を与える品種で、シンプルに炭火焼きした肉などとの相性は抜群だ。焼き鳥や焼きトンとも最高のマッチング。**比較的安い価格帯のサンジョヴェーゼも造られているので、試してみる価値がある。

もし初めの1本に迷ったら

どのブランドや生産者が良いのか迷われるかもしれないが、誤解を恐れずに言ってしまえば、**ニューワールドの低価格帯のヴァラエタルワインに関しては、どの生産者のものでもそれほど大きな違いはない。**あえて生産者や産地の個性を出さずに、品種の特徴をできるだけ忠実に表現することに注力しているので、似たようなワインになるのである。

チェーン店の牛丼やハンバーガーにそれほど違いがないのと同じだ。海外からの旅行者に牛丼とはどのようなものかを教えるのであれば、吉野家であれ、松屋であれ、すき家であれ、同じだろう。

もちろんそれぞれに微妙な違いはあるのかもしれないが、おおむね似通った味である。むしろ有名店の「高級松坂牛のこだわり牛丼」のほうが一般の牛丼のイメージからかけ離れたものになるかもしれない。牛丼とは何かをざっくりと捉えたいなら、チェーン店のほうがお薦めだ。あえて個性を出そうとせず、多くの人が牛丼に求める味わいを実現しているからである。

◉赤と白だけでないワインの世界

世界各地でさまざまなタイプのワインが造られている。大きく五つに分けてみたが、分類不可能なワインも数多くある。ロゼの中にはほとんど赤ワインに近いものもあるし、赤ワインでもかなり薄くてロゼに近いものもある。「甘口のようで、甘口でない」ワイン（アルザスやドイツに多い）もあり、食後に飲むほど甘くないが、普通の料理に合わせるにはやや甘いという「微妙」な味わいで、フォアグラと楽しんだりしている。白ワインでも魚料理よりは肉料理に合う力強いものもある。分類はあくまで目安であり、厳密なものではないので、縛られずに楽しんでほしい。

白ワインと赤ワイン

白ブドウを収穫してすぐに圧搾し、果皮と果梗《かこう》（ヘタや柄の部分）と種子を取り除いて、果汁だけを発酵させると白ワインになる。

黒ブドウを収穫して、果梗だけを除去して、果汁と果皮と種子を一緒に発酵させると赤ワインになる。

ロゼワインには大きく分けて2通りの造り方があり、果汁を得るために房を圧搾するときに、少し果皮から色素がにじみ出して淡いピンク色が付いたら、後は白ワインのように果汁だけを発酵するという方法と、赤ワインのように発酵して色が淡いうちに果皮と種子を取り除くという方法である。

白ワインは果汁をステンレスタンクで発酵、熟成するとブドウ品種が持っているアロマや味わいがストレートに出て、軽やかで、生き生きとしたワインとなる。**樽を使わない白ワインは爽やかな味わいで、フレッシュさが身上だ。**

一方、白ワインを樽で熟成すると、ボディーが堅固で、力強いワインになり、がっつりとした味わいとなる。樽からくるバニラや蜂蜜のアロマが加わるとワインは重量感を増し、濃厚な白ワインが好きな人には最高である。

ステンレスタンクだけで醸造した白ワインが魚のカルパッチョ、鮨、魚介類のパスタなどに合うとすると、樽熟成の白ワインはクリームソースを使った鶏の煮込み（フリカッセ）、魚介類のスープなど少しこってりした料理にもマッチする。

ステンレスタンク醸造の赤ワインは新鮮な赤い果実やチェリーのアロマが爽快で、味わいはフレッシュで、タンニンが強すぎないことが多い。

一方、樽熟成の赤ワインは少し濃厚で、落ち着いた味わいで、肉料理などとマッチする。

赤・白だけでどんな料理にも合わせる方法

昔はヨーロッパでは赤ワインが中心であった。ボルドー、ブルゴーニュ、ピエモンテ、トスカーナ、リオハなど著名産地は、ブルゴーニュ以外は圧倒的に赤ワイン産地であった。トスカーナやピエモンテでは赤ワインしか飲まない消費者も多い。

ところが近年はヨーロッパでも料理が軽やかになってきたので、相性という意味では白ワインのほうがマッチする料理が増えた。

ただ、白ワインだけではワインを飲んだ気にならないという人も多い。最後に1杯でいいから赤ワインが欲しいのである。赤ワインがないとメインディッシュがないフルコースのような気がして、頼りないのだ。だから最後にチーズを食べて、とりあえず赤ワインを飲むという人も多い。私も個人的には最後に赤ワインがあると満足感が増す。

　イタリアのトスカーナの海岸地帯にあるボルゲリという産地はボルドーブレンドの素晴らしい赤ワインが造られる。ティレニア海に面していて、魚がとても美味しいところだ。いつも魚料理店に食べに行くのだが、そこで親しい生産者がやっていたやり方が気に入った。**最初から魚料理に合わせた白ワインと、料理の間に楽しむ赤ワインを注文して、グラスを二つ並べておくのである。魚料理が出てきたらそれに合う白ワインを飲み、間のおしゃべりのときには赤ワインを飲む。**

　これだと赤ワインなしでは食事を終われないと悩むこともない。日本の食卓は野菜、魚、肉が混ざってさまざまな料理が並ぶので、白ワインと赤ワインを並べて、気分次第でどちらかを飲むというのはとても賢いやり方だと思える。私もさっそく取り入れることにした。

ロゼワイン

　近年、急速に伸びているのがロゼワインで、フランスでは白ワインの消費を抜いている。**ロゼの魅力はそのカジュアルさである。どんな料理にもマッチしてくれる**

し、**非常に爽やかだ。**特に近年は温暖化の影響で夏が暑くなったので、夏に赤ワインを飲みづらくなった。**ロゼは爽やかなので、暑い日にも楽しめるし、魚料理だけでなく、肉料理とも相性がいい。**

寛ぐことが目的のバカンス中は集中力を要求される赤ワインよりも、いい意味で「何も考えずに」楽しめるロゼを好む人が多い。

屋外のテーブルのパラソルの下に氷に冷やされたロゼワインのボトルが置かれていると、「仕事は忘れて、バカンス、バカンス」といった気分になるから不思議である。蚊取り線香や花火と同じぐらい夏を感じさせてくれるワインである。

オレンジワイン

近年ブームになっているのがオレンジワインだ。これは白ブドウを果皮、種子と一緒に発酵するという赤ワインと同じ醸造で造られるワインである。

発酵が終わっても果皮とワインを接触させ（マセラシオン＝醸し）、果皮に含まれるさまざまな要素を抽出する。白ブドウの果皮にもポリフェノールはあるので、それがワインに移されることにより、オレンジ色の濃厚なワインとなる。

オレンジワインは赤ワインと同じように扱い、14～16度ぐらいで飲むと真価を発揮する。日本酒に通じる「旨味」を感じさせるワインで、白ワインや赤ワインに合わせるのが困難とされる酒肴《しゅこう》（塩辛、このわた、鮒ずしなど）に合う唯一のワインである。

マセラシオンの長さ（3日～1年と大きく変化する）により白ワインに近いものから、オレンジというより琥珀色に近いとろりとしたワインまでそのレンジは広い。日本でとても人気の高いワインである。

スパークリングワイン

スパークリングワインの消費が全世界で伸びている。世界的に料理がライト化しているので、重厚な赤ワインより、爽やかなスパークリングワインに合う料理が増えたことも大きい。消費者の味覚も変化した。昔は信じられないほどこってりとした料理を食べていたが、今はライト＆ヘルシーであることが重視されている。

1980年代のボルドーでは貴腐甘口ワイン（かなり甘い）であるソーテルヌをアペリティフに飲んで、一緒にフォアグラのソテーに果実のソースを添えて食べていた。信じられないほど濃い組み合わせである。今ではアペリティフと言えばシャンパーニュが幅を利かせるようになった。

スパークリングワイン造りで最も一般的なのはワインを一度造ってから、それに糖分と酵母を入れて密閉する方法だ。それにより二次発酵が起こる。

アルコール発酵により糖分が分解され、アルコールと炭酸ガスが生成されるので、密閉されていることにより逃げ場がない炭酸ガスはワインに溶け込んでスパークリングワインとなる。これを瓶の中で行うのが瓶内二次発酵スパークリングワインで、昔はシャンパーニュ方式と呼ばれていたが、今はトラディショナル方式などと呼ばれている。このやり方だとアルコール発酵は2週間から1カ月で終了するが、その段階で発生した澱とともに2年〜10年ほど瓶内で熟成させる。

澱からでるアミノ酸など色々な旨味要素がワインに移り、ワインは複雑になり、グリルしたアーモンド、イースト香、焼き立てのバゲットの皮などのアロマが加わるので、瓶内二次発酵スパークリングワインは味わいもボディーも堅固で、持続性もあるので、しっかりした料理とマッチする。ただ瓶内二次発酵スパークリングワインを造るのは手間、時間、コストがかかるので、もっと手っ取り早くやる方法もある。

シャルマ方式だ。これは瓶内で行っていた二次発酵を大きな密閉式タンクで行う。二次発酵が終わった後の澱との接触期間（シュールリー）は3～6カ月と短い。

このやり方だと澱からくるアロマは少なく、ブドウが本来持っているアロマがストレートに出るので、アロマが魅力的な品種に適している。代表的な例はプロセッコで、とても人気が高く、今や年間生産量7億本を生産している。

気軽に飲めて、フレッシュで、肩の力を抜いて楽しめることがシャルマ方式スパークリングワインの魅力である。**爽やかさが売りのシャルマ方式のスパークリングワインでアペリティフを楽しみ、テーブルでは瓶内二次発酵スパークリングワインと食事を楽しむというのもいいだろう。**

近年注目を集めているのがイタリアでアンチェストラーレ方式と呼ばれているものだ。瓶内二次発酵スパークリングワインを造った後、シャンパーニュでは澱を除去するのだが、それをしないで濁り酒としてそのまま販売するとアンチェストラーレ方式になる。トラディショナル方式のように長く熟成させないで、収穫翌年の春にはリリースされる。

澱は旨味成分を含み、飲んでも不快なものではないのだが、シャンパーニュなどは正式のパーティーや、ロマンティックなディナーにも使われるので、ワインが濁っていたのでは「盛り下がる」ということで、澱を除去（デゴルジュマン）してから販売している。それに対してアンチェストラーレ方式は澱をそのまま味わってもらおうという、見た目よりも中身重視の姿勢だ。

この方法で造られるスパークリングワインは爽やかさの中にも旨味があり、食事にとてもマッチする。特に生ハムやサラミとの相性は抜群である。

アンチェストラーレ方式スパークリングワイン愛好家は二つのタイプに分かれて、それぞれが自分の好みを主張している。澱が瓶の底にたまっているのをそのまま静かにグラスに注いで、透明な上澄みだけを楽しもうという清潔感重視の愛好家と、澱にこそ旨味が凝縮されているのだからこれを味わってこそのアンチェストラーレ方式だと主張し、抜栓する前に瓶をシェイクして、澱を舞い上がらせ、完全濁り酒状態にしてから楽しむという愛好家である。

甘口ワイン

甘口ワインも長い伝統がある。フランスのソーテルヌやバルザックといった貴腐ワイン、ドイツのアイスワインやトロッケンベーレンアウスレーゼ、イタリアのヴィン・サント、スペインのペドロ・ヒメネスなど著名なワインが揃っている。

昔は高級レストランに行くと食後に甘口ワインを1杯飲んだものだ。今は消費が激減している。世の中が世知辛くなったからである。

30年ぐらい前まではスペイン南部やイタリア南部では3時間ほどかけて昼食をとり、その後に昼寝をするといったようなことが行われていた。昼休みも長く、店などが再開するのは夕方の5時か6時だった。そんな緩やかなリズムの生活においては、食事を終えた後に甘口ワインでも飲みながらおしゃべりといったのんびりとした生活を楽しむことができた。

1993年にEUが誕生したあたりから、イタリアやスペインといった国でも生活リズムをヨーロッパ基準に合わせることが求められ、一気に忙しなくなった。それと同時に**甘口ワインを楽しむ余裕はなくなっていったのである。**

実際、私も甘口ワインを試飲すると、なんと複雑で魅惑的なワインだろうと感動するが、日常生活の中でどれだけ飲む機会があるかと問われると、ほとんどないのが実情だ。甘口ワインはいずれ消滅寸前の文化遺産のようになっていく恐れがある。

◉選ぶなら、コルクかキャップか？

伝統的にワインはガラス瓶に入れられ、コルク栓が打たれてきた。ただ**コルク栓は一定の割合（今は約1％とされているが、私がガイドブックの仕事をしていた10年前は3％ほどあった）でブショネ臭（トリクロロアニソール［TCA］と呼ばれる不快な香りを持つ物質）に汚染されている可能性があり、ブショネ臭がするとワインの香りも味わいも台無しになる。**

先にも述べたが、レストランで高いワインを注文するとソムリエが恭しく抜栓した後にワインを試飲させてくれるが、これはブショネ臭がないかを確かめることが主な目的だ。ブショネ臭があると欠陥品なので、無料で新しいボトルと交換してくれる。念のため申し添えると、試飲して自分が期待していた味わいと異なるという理由ではワインを無料で交換することはできない。あくまで欠陥（ブショネ臭）があった場合だけである。

レストランでブショネ臭に当たった場合は交換してもらえるので、問題ないのだが、自分が買ったワインの場合はかなりややこしい。明確なブショネ臭の場合は買ったワインショップに知らせると交換してくれることもあるが、その場合はブショネ臭がするワインを証拠品として送る必要があり、かなり面倒くさい。

20年も経ったワインの場合は購入した店がまだ存在しているかどうかも不安だし、交換してもらえる可能性は低い。20年も熟成させたということはかなりの高級ワインである可能性が高く、これが台無しになるというのはかなり痛い。

儀式の誘惑

このような不快な思いをしないようにコルク栓に代わる代替コルクが世界中で模索されている。プラスティック製の合成コルク、ガラス栓、スクリューキャップなどである。アルミニウム製のスクリューキャップはニュージーランドやオーストラリアで広く使われ、ドイツやオーストリアでも普及している。**スクリューキャップはブショネ臭がないだけでなく、気密性が強いので、新鮮なアロマがいつまでも保持される。**還元臭の問題を指摘する人もいるが、瓶詰時に一定の酸素を残せば、その問題は解決できる。

今までブショネの問題でさんざん苦しんできた私は、圧倒的にスクリューキャップを支持する。友人の生産者が同じワインをコルク栓とスクリューキャップで瓶詰して、それを15ヴィンテージに渡り試飲させてもらったことがあるが、どのヴィンテージもスクリューキャップのほうが状態が良かった。

ところがヨーロッパや日本ではなかなか広まらない。第一の理由はイメージが悪いことである。安酒のイメージがあるのだ。コルク栓の抜栓はソムリエの腕の見せ所だし、その儀式性は高級ワインのイメージを纏っている。**高級ワインを注文して、ソムリエが恭しくボトルをテーブルに運んできて、スクリューキャップをクルリと回して開けたのでは絵にならない**と考える消費者が数多くいるのである。

本国ではすべてスクリューキャップにしたが、輸入元の強い要求で日本市場向けのワインだけはコルク栓を残しているという生産者を何人か知っている。雰囲気を選ぶか、中身を選ぶか、なかなか難しい選択である。

◉グラスは一つあればいい

グラスについてややこしい規則を述べる人がいるが、まったく相手にする必要はない。**中ぐらいの大きさのボルドーグラスがあれば、すべてのワインはそれで間に合う。スパークリングワインも大丈夫だ。**30年近く熟成させたボルドーや、高級ブルゴーニュを飲む場合は、もう少し大きめのグラスでもいいが、中ぐらいのグラスでも不自由を感じたことはない。

大きめのグラスはワインと空気の接触面積が広いので、ワインが酸素に触れて華やかに開くとされるが、それが目的ならグラスを少し振り回せば済む話だ。

美しいワイングラスも沢山売られているので、それらを使って食卓を盛り上げるのも悪くはない。ただ、上等のグラスは繊細なので、酔っぱらって洗うと割ってしまうことがある。かなり危険である。

私は15年ほど前に試飲会でもらった中ぐらいのボルドーグラスをよく使う。常にキッチンに出しているので、特に時間の余裕がないときはついついこのグラスを使ってしまう。

それほど高いグラスではないと思われ、少々落としても割れない。15年近く使い込んだ道具なので、とてもしっくりとくる。野球のバットやグローブでも、ゴルフクラブでも、煮込み用の鍋でも自分にフィットして、**使いやすいことが最重要**であり、さまざまな理屈に惑わされる必要はない。

◉ワインを残した者にのみ訪れる幸福

標準的なワインのボトルは750㎖なので「飲み切れないときはどうすればいいですか?」という質問を受けることが多い。**抜栓したワインであっても5日ぐらいはまったく問題ない。**

空気に触れることにより緩やかな酸化が進むので、ワインは少しずつ変化していく。**「劣化するから早く飲んだほうがいい」と言う人もいるが、これは間違っている。「劣化」するのではなく、「変化」するのだ。**この「変化」が「劣化」と感じられる場合もあれば、「品質向上」と感じられる場合もある。

もちろん好みにもよる。若いワインが好きな人は抜栓した日の味わいが好きだろうし、熟成したワインが好きな人は抜栓して2日ほど経ったほうが美味しく感じられるだろう。

抜栓したワインをそのままボトルに置いておくと、ワインの熟成が進む。無謀であることを覚悟で極端にざっくりした数字を挙げると、**抜栓したワインを1日置くと、抜栓しない状態で1〜2年寝かせたぐらい熟成が進むと考えていただけるといい。**

だからまだ飲み頃でない若すぎるワインは、抜栓して1週間後のほうが美味しく感じられることも珍しくない。長期熟成向きのワインを抜栓して毎日少しずつ試飲すると、そのワインが今後10〜20年間どのように熟成していくかをある程度捉えることができる。熟成の予告編を見ることができるのである。

一般の消費者にはあまり興味のない話かもしれないが、**ワインの潜在力や真価を見極めるという意味では、抜栓したワインを置いておいて、毎日試飲することはとても役に立つ。**

ガイドブックの仕事をしていたときは、試飲したワインの中で特に気になったものは置いておいて、5日ほどにわたり毎日変化を見た。ヨーロッパの一流のサッカークラブはサッカースクールを運営していて、そこで才能ある子どもを見つけたら、英才教育を施し、ユースチームに引き上げる。こうして何年も選手を見守りながら、伸びる選手と伸びない選手を見極めていくのである。

抜栓したワインの変化を見ることは、そのワインを深く理解するには重要である。ワインを深く理解する必要性をまったく覚えない一般消費者にとっても、1日ごとに変化していく様子を楽しむのはなかなか面白い経験である。

残ったワインの保存方法

近年は、オンラインセミナーやオンライン試飲会が頻繁に行われるようになった。サンプルとして20～30本のワインが送られてくることもあり、それを一気に試飲する。

当然余るので、蓋をしてそのまま置いておいて、たまに試飲してみる。若い赤ワインだと1カ月後でも素晴らしい状態のものがある。もちろん抜栓した日とは味わいは異なっているが、良くなっている場合もあるのだ。だからワインが残ることを心配する必要はない。

熟成したワインが好きでない人は、抜栓したワインをすぐに330㎖や500㎖のペットボトルに移して、それを保存しておけばいい。瓶に残ったワインを飲み切って、ペットボトルを翌日や翌々日に飲む。ペットボトルいっぱいまでワインを入れれば、ワインが空気（酸素）と触れる面積はほとんどないので、熟成（酸化）はとても緩やかだ。

先日も1カ月前にペットボトルに移した白ワインを部屋の隅に忘れていたのに気づいて、試飲してみた。落ち着いた味わいでとても美味しかった。

私がとても仲良くしていた生産者は、自分が造る最高級のワインを6ℓの大きな瓶に詰めて、行きつけのレストランに置いてもらい、そこを訪問するたびに少しずつ試飲していた。ちょうどウイスキーのボトルキープをしているような状態だ。

私が一緒に行ったときは1カ月前に抜栓されて、ボトルの半分ぐらいまでワインが減っていたが、果実味も十分に残り、とても興味深い味わいだった。サイレント映画を代表する女優リリアン・ギッシュは90歳を超えてもみずみずしさを感じさせる演技で、多くの人を驚かせた。サイレント時代の可憐な姿とは異なる、円熟した魅力があった。**抜栓したワインは、駆け足でそれぞれの時代の魅力を垣間見せてくれる。**

◉売られている容器で美味しさは変わる？

ワインが入れられている最も一般的な容器はガラス瓶である。不活性なので、ワインは変化せず、安心して長期熟成させることができる。

最近はペットボトルや紙パックに入れられたワインも売られているが、早めに飲むワインならまったく問題ないだろう。バッグ・イン・ボックスと呼ばれる容器は箱の中に真空パックが入っていて、その中にワインが入っているという優れものだ。真空パックなので、ワインが減るとパックがしぼみ、酸素は入ってこない。だからワインは酸化せず、長く楽しむことができる。

レストランのグラスワインなどに理想的であるし、毎日同じワインでもいいという人の家飲みにもお薦めだ。まだ珍しいが缶に入ったワインも販売されている。ペットボトル、紙パック、缶などは、昔は独特な風味が感じられたものだが、今は技術が目覚ましく進化したので、ブラインドで出されるとどの容器に入っていたかを識別することは難しい。**長期熟成させるのでなければ、容器に拘る必要はまったくないだろう。**

ワインの瓶は750㎖のものが標準だが、半分のもの（ハーフボトル）や倍のもの（1・5ℓのマグナムボトル）もしばしば見かける。数は減るが3ℓ、6ℓといった大瓶もある。スティルワイン（赤・白・ロゼなどの非発泡性のワイン）の場合はどの大きさの瓶であれ、瓶詰されるときはまったく同じワインである。瓶詰後はマグナムボトルのほうが緩やかに熟成するし、ハーフボトルだと早く熟成が進む。

だから**長期熟成させてからワインを楽しみたいのであれば、マグナムがお薦めだし、早く飲んでしまいたいのであれば、ハーフボトルもいいだろう。10年以上熟成させるとマグナムは圧倒的に力を発揮する。**熟成させたワインが好きな愛好家にはマグナムしか買わない人もいる。

スティルワインの場合はハーフであれ、マグナムであれ、最初は同じワインだ。瓶内二次発酵スパークリングワインはワインそのものが異なる。第一次発酵したワインは同じものでも、二次発酵は瓶の中で起こるから、それぞれの瓶の発酵具合が微妙に異なるのだ。

だから**二次発酵をする容器＝瓶が７５０㎖であるか、１・５ℓであるかは、発酵具合に大きな影響を与えるし、結果ワインの味わいも異なってくる。**

経験的には、マグナムボトルが二次発酵に理想的な大きさであるような気がする。マグナムのスパークリングワインは、力強さと味わいの調和においてノーマルボトルよりも常に優れている。ベースのシャンパーニュでもマグナムだと驚くほど美味しいことがあるし、マグナムしか飲まないという愛好家もいるぐらいだ。

ただ不思議なのは瓶が大きければいいというものではなく、３ℓ、６ℓと大きくなると美味しくなるわけでもない。１・５ℓがちょうどいいサイズなのである。

◉注ぎ方で美味しさは変わる？

日本はとても丁寧にワインを注ぐ人が多い。グラスを傾け側面に滑らせるように注ぐ人もいる。もちろんワインを丁寧に扱うことは素晴らしいことである。ヨーロッパでは一流レストランでも若いワインだとかなり荒々しく注ぐソムリエもいる。それにより酸素に一気に触れさせて、ワインを開かせるという意図もあるのだろう。

私もガイドブックの試飲のときはかなり乱暴に注いでいた。ガイドブックでは若いワインしか試飲しないので、少々乱暴に扱ったぐらいでバランスを崩すようなワインは駄目なのである。瓶の中のワインは還元状態で眠っているようなもの。**デリケートに注ぐと「そろそろお目覚めの時間ですよ」とやさしく起こすようなものだ。何乱暴に注ぐのは「おい起きろ」と肩を揺り動かして目覚めさせるような感じだ。何れにしてもしっかり目覚めさせることが重要なのだ。**モンテプルチャーノやタナのような荒々しい品種は少し乱暴に扱うくらいが、早く開き落ち着くような気がする。

◉ワインの色みと味わいの関係

ワインの試飲をするときにグラスを光にかざして、ソムリエが色調や輝きを分析しているのを目にする。**色調や輝きがワインの味わいに影響を与えるのかと思うが、今はそのようなことはない。**

醸造技術が進化したので、実は外観をチェックする必要するほとんどなくなっているのである。醸造技術が未熟だった時代は、濁ったワインや、輝きのない熟成が進みすぎたワインも多くあった。だから外観をチェックする必要があったのである。今はそのようなワインは皆無と言っても間違いない。

ワインコンクールの審査員をしていても、ワインの外観の採点はよほどのことがない限り全員が満点を与えている。ただ品種によってワインの色は異なるので、**品種を当てようとすると外観は大いに手掛かりになる。**

カベルネ・ソーヴィニヨンは濃い色調で、光を通さないこともあるが、ピノ・ノワールは明るめの色調で、濃厚な色にはならない。

１９８０年代、90年代は色の濃いワインが、あたかも高級ワインの証であるかのように誤解された時期もあったが、今は色の濃淡が味わいに影響を与えることはないと理解されるようになった。

◉樽とタンクで何が変わる？

ワインを熟成する樽について、やたらと拘る人がいる。このワインはフランスのアリエ産のバリック（225ℓ小樽）で2年熟成したとか、同じフランスのネヴェール産の500ℓの樽で熟成したとか、とかくかしましい。

ワインの熟成に樽を使う理由は二つある。**最も重要なのは微酸素供給である。ステンレスタンクは還元的状況なので、ワインはほとんど熟成が進まない。樽は（特に小樽）は樽材を通して少しずつ酸素が入ってくるので、緩やかではあるがワインの熟成が進む。**かなり閉じたワインの場合は酸素を多めに与えて柔らかくする必要があるし、すでに開いたワインの場合はそれほど酸素を与える必要がない。だからそのあたりのさじ加減を考慮しながら、どのような樽材を使った、どのような大きさの樽で、どれだけの期間熟成させるかを決めるのである。

大樽の場合は微酸素供給量が小樽より少ないので、ワインは緩やかに熟成する。

だから樽で4～5年熟成させる場合は小樽ではなく、大樽を使うことが多い。小樽に4年も入れておくとワインが酸素を吸収しすぎて、へたってしまうのである。**もう一つの目的はワインに樽香を与えることである。**オークからくるバニラやカカオのアロマがワインを複雑で魅力的なものにすると考える愛好家は多い。樽香はゴージャスな印象を与えてくれると考えるのである。

ただ樽香はワイン本来のアロマや味わいを覆い隠すので、嫌う愛好家もかなりいる。私は個人的には樽香が強いワインは好きではないが、目くじらを立てて樽香を批判する気にもなれない。それを好む人もいるのだ。樽香は香水のようなものかもしれない。華やかなパーティーなどに出かけるなら少し多めに香水をつけても構わないだろうが、日常生活で香水ぷんぷんというのはいただけない。

どちらにしても樽は道具でしかない。ワインについて話すときに樽材の産地や樽会社についてしたり顔で話すのは、料理屋で職人が使っている包丁について蘊蓄を披露するようなものだ。樽も包丁も道具であり、どのように使われるかによって、プラスにも働けば、マイナスにも働くのである。

文庫版　おわりに
最高のワインは幸せな時間を与えてくれる

ワイナリーのホームページを見ると、生産者の哲学や産地の特徴について詳細な記述がなされている。消費者が造り手の「ストーリー」やワインが生まれる産地の「テロワール」に強い関心を持っていることの表れだろう。

造り手の考え方とテロワールの特徴は、グラスの中にあるワインの味わいに大きく影響する。欠点のない完璧なワインを造ることに主眼を置く生産者と、多少欠点があってもできるだけ自然に造ろうとする生産者ではワインの味わいに大きな違いが出るし、長い歴史を持つ守るべき伝統がある生産者と、新しいことに果敢に挑戦する意欲に満ちた新進気鋭の生産者ではワインのスタイルも異なるだろう。冷涼な産地と暑い産地では同じ品種でワインを造っても味わいに大きな違いが出るし、石灰土壌と火山性土壌ではまったく異なるワインが生まれるだろう。

醸造技術の進歩によりすべてのワインが一定レベル以上の美味しさになったの

で、単に美味しいだけでなく、他にはない個性を持つワインを消費者が求め始めているのだろう。価格と美味しさだけでワインを選ぶのではなく、それぞれのワインの「キャラ」の違いに興味を持ち、自分の好みに合った、しっくりとくる個性を持つワインを選ぶようになってきているのである。

技術でワインの品質はある程度高めることは可能だが、ワインに個性を与えるのはテロワールと生産者の哲学だ。

また生産者の「ストーリー」や哲学に共感してワインを選ぶ消費者も増えている。権威主義的な知識ではなく、共感を大切にする消費者である。一流企業に勤めていたが田園生活を夢見て脱サラし、ワイン造りを学んで独立、小さなワイナリーを立ち上げて少人数で頑張っている生産者に共感して、それを支えようとする消費者である。このような消費者は国内ワイナリーを好むことが多い。見ず知らずの縁もない遠い外国のワイナリーよりも、実際に訪ねることもできる国内ワイナリーのほうが感情移入しやすいのは当然である。

ヨーロッパでは、持続可能性への取り組みも商品選択の重要な指標となっている。重厚なボトルは二酸化炭素排出量を増やすので、環境負荷の少ない軽量ボトルを使っている生産者のワインを購入するといった消費傾向で、若い世代に顕著に見られる。これはワインに限られる話ではないので、ファッションブランドや一流企業も自分たちがいかに熱心に持続可能な経済活動に取り組んでいるかをこぞってアピールしている。

2023年は世界的にワインの消費が冷えた。その背景には反アルコール運動（EUには一定以上のアルコール消費は健康を害するとラベルに記載しようという動きまである）、低アルコールワイン人気、赤ワインの消費の減少とスパークリングワイン人気、ワインの価格帯の両極化（高価格ワインはさらに価格が高くなるが売れ続け、低価格ワインも好調だが、中間価格帯のワインの売れ行きが芳しくない）などさまざまな要因があるが、ワイン界が消費行動の多様化に対応できていないことも大きな要因であろう。しばらくは先が読みにくい状況が続きそうだ。

ワインは多様で、まさにピンからキリまでだ。価格帯も1000円以下のものから1千万円を超すものまで幅広い。ただ高価格のワインが必ずしも幸せを与えてくれるとは限らず、素朴なワインのほうが記憶に残ることも多い。

1980年代はワインの価格が信じられないほど安かった。私の友人がスイスのワイン商と懇意にしていたこともあり、歴史に残る偉大なワインを比較的簡単に飲むことができた。シャトー・シュヴァル・ブラン1947、シャトー・ムートン・ロートシルト1945、シャトー・ディケム1921、ロマネ・コンティ1961、アンリ・ジャイエのリシュブール1978、ペトリュス1982など今となっては手が届かないワインだ。

これらのワインは深遠な世界を垣間見せてくれ、至高の高みを教えてくれた。イタリアワインはさらにお手頃で、サッシカイア1985、ブルーノ・ジャコーザのバルバレスコ・サント・ステファノ・リゼルヴァ1978などは何度も飲んだものだ。恵まれた時代だったのだ。

一方、名もないワインも数多く飲んできた。ローマでよく飲んだばら売りの白ワイン、大雪でニースに足止めをくらったときにホテルの近くの魚介類レストランで飲んだシンプルな白ワイン、映画の撮影のためサハラ砂漠のホテルに1カ月缶詰めになったときに毎日飲んだチュニジアの赤ワイン、サン・ジミニャーノのトラットリアの素朴なハウスワインなど、あまり大したワインでなかったが、記憶に深く残っている。大切な時間に寄り添ってくれたワインなので、飲んだ場所、一緒にいた人、その日の光、空気までも鮮やかによみがえる。

さまざまなタイプのワインがあるし、楽しみ方も人それぞれだ。自分が気に入ったやり方が一番で、他人にとやかく言われる筋合いはない。幸せな時間を与えてくれるのが最高のワインである。どんなに高価で、評価の高いワインであっても、そのときに私にピンとこないワインは価値のないワインだし、どんなに低価格で、誰も知らないワインであってもそのときの私に語りかけてくれるワインは最高のワインである。

40年近くワインに関わる中で考えてきたことをこの本にまとめさせていただいた。読者がワインを楽しまれるときの一助となればこれほど幸せなことはない。

最後に、文庫化にあたりご指導いただいた大和書房の松岡左知子さんに心から感謝いたします。

2024年3月　宮嶋　勲

本書に登場したワインリスト

宮嶋 勲（みやじま・いさお）

1959年京都生まれ。東京大学経済学部卒業。1983年から1989年までローマの新聞社に勤務。1年の3分の1をイタリアで過ごし、イタリアと日本でワインと食について執筆活動を行っている。

イタリアでは2004年から10年間エスプレッソ・イタリアワイン・ガイドの試飲スタッフ、ガンベロ・ロッソ・レストランガイド執筆スタッフを務める。現在「ガンベロ・ロッソ・イタリアワインガイド」日本語版責任者。

日本ではワイン専門誌を中心に執筆するとともに、ワインセミナーの講師、講演を行う。

著書に『最後はなぜかうまくいくイタリア人』『10皿でわかるイタリア料理』（日本経済新聞出版社）、『イタリアワイン』（ワイン王国）など。

・本作品は小社より二〇二一年八月に刊行された『ワインの嘘～誰も教えてくれなかった自由な楽しみ方』を改題し、再編集して文庫化したものです。

だいわ文庫

今日《きょう》の美味《おい》しい一杯《いっぱい》に出会《であ》える
ワインを楽《たの》しむ本《ほん》

著者　宮嶋《みやじま》勲《いさお》

二〇二四年四月一五日第一刷発行

発行者　佐藤 靖
発行所　大和《だいわ》書房
東京都文京区関口一－三三－四 〒一一二－〇〇一四
電話 〇三－三二〇三－四五一一
フォーマットデザイン　鈴木成一デザイン室
本文デザイン　福田和雄(FUKUDA DESIGN)
本文印刷　厚徳社
カバー印刷　山一印刷
製本　ナショナル製本
ISBN978-4-479-32089-0
乱丁本・落丁本はお取り替えいたします。
https://www.daiwashobo.co.jp